FISICA QUANTISTICA PER PRINCIPIANTI

Parti da zero, crea una vita straordinaria attraverso l'uso corretto della legge di attrazione e l'applicazione pratica delle teorie della fisica quantistica.

Rachele Roncato

SOMMARIO

INTRODUZIONE 8

CAPITOLO UNO "LE MERAVIGLIE DELLA MENTE", METODO IN
TRE PASSI 42

**PASSO NUMERO UNO CONOSCERE. IL PENSIERO, IL VERO DONO,
LA VERA RICCHEZZA DELLA TUA VITA** 48

CAPITOLO DUE I CINQUE FALSI MITI CHE INQUINANO LA LEGGE
DI ATTRAZIONE 50

CAPITOLO TRE LA MENTE: LA TUA PIÙ GRANDE FORZA INVISIBILE
....66

CAPITOLO QUATTRO LE TRE SCONCERTANTI TEORIE CHE
STANNO RIVOLUZIONANDO IL PENSIERO UMANO 82

CAPITOLO CINQUE POSSONO LE PIANTE, L'ACQUA E LA MENTE
COLLETTIVA RISPONDERE AI NOSTRI PENSIERI E INTENZIONI?
TRE CASI STUDIO 92

CAPITOLO SEI IL CERVELLO E LA SUA DOPPIA PERSONALITÀ 104

**PASSO NUMERO DUE CAPIRE. LE EMOZIONI, BUSSOLA PER UNA
VITA MIGLIORE** 113

CAPITOLO SETTE EMOZIONI E DESIDERI: ACCOPPIATA VINCENTE
.... 116

CAPITOLO OTTO I TRE STATI DI COSCIENZA: CONSCIO, SUBCONSCIO E SUPER CONSCIO 128

CAPITOLO NOVE SIAMO SU QUESTA TERRA PER ESSERE FELICI. SIAMO NATI PER SPERIMENTARE LA GIOIA, L'AMORE, L'ABBONDANZA 140

CAPITOLO DIECI IL GRANDE OSTACOLO DELLE CONVINZIONI 150

PASSO NUMERO TRE APPLICARE. DENTRO IL MECCANISMO COME CAMBIARE VITA IN CINQUE FASI 160

CAPITOLO UNDICI ESPANDI IL TUO MONDO ATTRAVERSO I DESIDERI E LA VISIONE 162

CAPITOLO DODICI CHIEDI E TI SARÀ DATO 176

CAPITOLO TREDICI CREDERE PER VEDERE 192

CAPITOLO QUATTORDICI IL MOMENTO DELLA RESA 204

CAPITOLO QUINDICI LA VERA NATURA DEI PENSIERI 218

CAPITOLO SEDICI COME LA LEGGE DI ATTRAZIONE MI HA AIUTATO A CAMBIARE VITA 228

CAPITOLO DICIASSETTE L'INIZIO DI UNA NUOVA VITA EFFETTI COLLATERALI 242

BIBLIOGRAFIA CONSIGLIATA 250

NOTA SULL'AUTORE 251

Per Rishi

"Se sei davvero stanco del mondo, della sua routine e del suo tran tran, non iniziare a cercare un maestro, trova piuttosto il modo di diventare discepolo: comincia a liberarti dal peso dei pregiudizi e dei dogmi, e dimentica tutto quello che sai ... "

Osho.

INTRODUZIONE

Probabilmente il desiderio di migliorare la tua vita ti ha condotto fin qui.

Forse sei tra i fortunati che conoscono l'esistenza della legge di attrazione, ma non riesci ancora a capirne il reale funzionamento, ad attrarre ciò che desideri pur avendo letto tanti libri.

O semplicemente sei un appassionato di fisica quantistica e ti sei sempre chiesto come le sue rivoluzionarie scoperte possano essere trasferite nella quotidianità, come possano aiutarti a vivere senza il freno a mano tirato e ad esprimere al meglio il potenziale della tua mente.

Se poi ti senti vittima delle circostanze e vivi continuamente nella preoccupazione, se sei sempre arrabbiato, ansioso, deluso, questo libro è perfetto per te. Scoprirai che è solo nei tuoi pensieri il segreto del tuo destino e perché i pensieri sono il vero dono, la vera ricchezza della tua esistenza.

Infine se non hai particolari aspirazioni, sei soddisfatto della vita che stai vivendo, hai acquistato questo libro solo perché sei curioso di conoscere i segreti e le potenzialità della tua mente e non vuoi smettere di crescere, ottimo!

È questo un libro per principianti, senza all'interno, incomprensibili formule matematiche, ma dove ho voluto esprimere in parole semplice, i concetti astrusi dei nuovi paradigmi su cui poggia la fisica quantistica, per un uso efficace della legge di attrazione.

Ho selezionato le teorie di maggior impatto sulla realtà, ne ho distillato il succo affinché possano davvero essere artefici di un cambiamento nella tua vita, se vorrai lasciarle entrare.

Perché fisica quantistica e legge di attrazione insieme?

Perché mescolare il sacro, la nuova rivoluzionaria scienza, con il profano, con quello che sembra essere solo una teoria strampalata?
Perché insieme sono entrate nella mia vita, perché insieme sono un mix esplosivo, perché le leggi dell'una ti aiutano a credere saldamente nell'altra. Perché solo se comprendi razionalmente le teorie della fisica quantistica, zittisci la mente, crei solide fondamenta e allora sì che sei veramente pronto ad accogliere i regali della legge di attrazione.

Come è strutturato il libro

Il libro è strutturato in tre parti ed ogni parte che comprende diversi capitoli, rappresenta un passo del viaggio che faremo insieme. Alla fine di ogni capitolo è prevista una parte pratica con suggerimenti ed esercizi.
Prima di iniziare voglio però assicurarmi che tu abbia l'equipaggiamento adatto, che renda sicuro e di successo il cammino che stai per iniziare. Per ottenere il massimo, arrivare alla meta e veder davvero accadere miracoli nella tua vita, dovrai sbarazzarti di sette trappole mentali in cui potresti essere caduto durante il tuo cammino.
Inoltre, farai un piccolo Test, ma te ne parlerò tra un attimo.

Le sette trappole mentali di cui nessuno parla.

Ci sono sette killer, sette trappole mentali di cui nessun libro sulla fisica quantistica e sulla legge di attrazione parla. Le ho trasformate per te in sette punti di forza, sette requisiti per avvicinarti, approfondire, conoscere a fondo queste due meravigliose discipline e crearti una vita di cui andare fiero.

È importante che tu ripulisca la mente, faccia piazza pulita di vecchie credenze ed offra la possibilità ad un nuovo paradigma, di mettere radici.

Prima di esaminarle una per una, ti invito a fare subito un Test per scoprire se e quanto sei imbrigliato nelle trappole o se sei libero, sciolto, pronto ad accogliere meraviglie nella tua realtà quotidiana.

Prendilo come un gioco, rispondi senza pensare troppo e soprattutto divertiti!

Sei pronto? Hai una penna a portata di mano? Ecco il Test.

TEST

1. **Quante volte durante il giorno ti capita di essere distratto, poco concentrato, di essere altrove mentre guidi, mangi, passeggi, ascolti?**
A = Sempre
B = Qualche volta
C = Mai

2. **Pensa ad un problema, una situazione che vorresti risolvere, cambiare o solo migliorare. Sei intenzionato a farlo?**
A = Non ne ho nessuna intenzione
B = Avrei intenzione, ma...
C = Sono fermamente intenzionato a risolverla, Cascasse il mondo!

3. **Ogni volta che ti capita qualche piccolo o grande inconveniente o ti trovi a vivere in una brutta situazione, pensi mai che sia tutta sfortuna, colpa del destino, della società, dei politici, dei tuoi genitori, del tuo datore di lavoro?**
A = Sempre
B = Qualche volta
C = Mai

4. **Ti piacerebbe vivere 120 anni?**
A = Per niente
B = Forse
C = Sì, certo!

5. Sei consapevole del fatto che meriti una vita migliore e che con il solo uso dei tuoi pensieri puoi modificare la realtà che ti circonda?
A = No, per niente
B = Poco
C = Assolutamente sì!

6. Cosa ti aspetti dalla lettura di questo libro?
A = La soluzione ai problemi che mi affliggono
B = Di conoscere le sette trappole mentali che mi ostacolano nell'esatta e chiara comprensione della legge di attrazione
C = Non ho particolari aspettative. L'argomento mi interessa, sono curioso e mi godrò la lettura.

7. Per l'ultima domanda è necessario che tu continui a leggere attentamente tutta l'introduzione. Ti verrà posta in un secondo momento, abbi un po' di pazienza.
Ora seguimi.
***

È venuto il momento per te di scoprire che esiste in natura una forza sempre a tua disposizione, pronta a plasmare qualunque realtà tu desideri vivere con il solo uso dei tuoi pensieri.
Aspetta solo che tu:
1. te ne accorga
2. l'accenda
3. l'accenda nel modo corretto senza sbagliare.
La promessa che ti faccio è che ti aiuto a metterti nella condizione ottimale per avvicinarti a questa forza, in modo da predisporti nel migliore dei modi a far fluire nella tua realtà quotidiana: gioia, entusiasmo, pace interiore ed affrontare con serenità e con lo spirito migliore, anche le situazioni più ingarbugliate.

Se già hai letto qualcosa sulla legge di attrazione, sai già che tutto questo è possibile solo grazie ad un uso corretto dei tuoi pensieri.

Non entreremo per ora nei meccanismi della legge, ma faremo una sana preparazione mentale. Sarà come fare qualche ora di palestra prima di un incontro, come tutte le discipline sportive richiedono. Un libretto delle istruzioni per vincere la gara, la tua gara, quella con la vita.

Magari l'avessi avuto in mano anche io bello e pronto!

Tra me e lei non è stato amore a prima vista. Sbagliavo prima ancora di incominciare, avevo mani e piedi in tutte e sette le trappole!

Le vie per giungere alla sua conoscenza per fortuna sono molte e anch'io infine, anni dopo, ho trovato la mia strada e la vita ha iniziato a cambiare di male in bene e di bene in meglio. Ho visto accadere piccoli e grandi miracoli, grandi cambiamenti, molti dei quali non li avrei nemmeno immaginati.

Cominciamo, sei pronto? Voglio subito farti una confidenza:

Queste pagine sono un dono! Ringrazia!

No, non devi ringraziare me! Ringrazia te stesso. Questo libro è un regalo che ti sei concesso e per questo è più prezioso. Dedicagli, dedicati il tempo che meriti.

Forse ho sbagliato a parlare di tempo. Volevo dire attenzione, ma forse nemmeno attenzione va bene. Presenza.

Ecco, sì, concediti mentre lo leggi, una presenza costante, ovvero sii mentalmente presente. Smetti di fare tutte le altre cose: forse stai mangiando, ascoltando musica, parlando con qualcuno o addirittura cucinando. Smetti.

Concentrati solo sulla lettura e sulle parole. Cerca di farlo non solo con gli occhi e in modo distratto, ma di coinvolgere tutti i sensi, cerca di chiamare a raccolta tutte le tue cellule. Poi rilassati.

Ti ho appena guidato in un esercizio pratico e illustrato qual è il primo modo corretto di avvicinarti al mondo della legge di attrazione e non solo. È infatti una regola che vale per tutto ciò che ti circonda nella realtà quotidiana, qualunque essa sia.

La presenza è il primo requisito. Tu meriti di assaporare, di godere ciò che stai facendo, attimo per attimo, momento per momento, qualunque cosa tu faccia. Solo così i pensieri negativi, quelli che ti trascinano sul fondo non entreranno e non attecchiranno.

E la trappola, l'errore che spesso tutti noi facciamo? Il suo esatto contrario.

L'essere altrove, la distrazione, non essere mai concentrato su ciò che fai, ecco il primo insidioso errore.

Ci ritorneremo tra poco. Ora voglio farti una precisazione. Oggi è normale per me cogliere sempre l'aspetto migliore e positivo di tutto ciò che mi capita e che mi circonda.

Faccio dunque fatica a rimanere ancorata a quello che non va. Per questo motivo di ogni errore di volta in volta ti propongo il suo contrario, l'antidoto. È sì una trappola da evitare, ma soprattutto viene trasformata in un punto di forza, un requisito, un nuovo atteggiamento che dovrai far tuo, infilare nella tua cassetta degli attrezzi.

Fatta questa doverosa precisazione, proseguiamo.

LE SETTE TRAPPOLE MENTALI DI CUI NESSUNO PARLA

Trappola mentale n. 1: essere assente

Che forma hanno le nuvole oggi?

Non possiamo essere altrove da dove siamo, quindi è bene fare il possibile qui.

Dove per qui intendo ora, in questo momento. Se sei tra quelle persone che vorrebbero essere sempre altrove, partire con l'illusione di voler trovar se stessi o scappare sperando di poter risolvere delle situazioni, sappi che per cercar se stessi o ribaltare le circostanze non è necessario andar via, fuori, lontano.

Occorre solo che tu parta da qui e che ti colleghi con la parte più profonda di te.

Accettare la tua condizione attuale, qualunque essa sia e in qualsiasi situazione tu ti trovi incagliato. Forse ti starai chiedendo: "Perché?"

Perché un concetto fondamentale della legge di attrazione afferma che:

è proprio ora, in questo istante e momento che stai creando il tuo futuro.

Fai in modo dunque di vivere in un eterno presente e fai il possibile affinché ogni attimo sia il miglior attimo che tu ti possa concedere.

I tuoi pensieri e le tue emozioni sono i protagonisti, i responsabili assoluti dell'intero processo di creazione.

Se tieni ferma la tua mente abbastanza a lungo nel presente, sappi che non c'è spazio per pensieri e sentimenti negativi: controlla, facci caso.

Essi non entrano perché quando sei concentrato, focalizzato sull'istante, su quello che stai facendo, stai utilizzando una parte della mente che per sua stessa natura, non contempla paura e preoccupazioni, al contrario sempre legate al passato o al futuro. Di certo ti sarà capitato di essere risucchiato e talmente preso dal momento, da dimenticarti chi sei: quando leggi un buon libro, quando baci il tuo uomo o la tua donna, e in tante altre situazioni in cui tutte le preoccupazioni, le paure, le ansie, sono sbattute fuori, non c'è proprio spazio per loro, te ne dimentichi. Te ne riappropri solo quando hai terminato, allora ti sembra di uscire da una bolla ovattata.

Ricapitolando, due sono i motivi per cui è essenziale che tu sia ancorato al presente:

- La qualità del tuo presente sale, aumenta.

Vivendolo come una sequenza, attimo dopo attimo, non c'è posto per paure e preoccupazioni.

- In futuro paure e stati d'animo scompariranno.

Dato che il futuro lo plasmi momento dopo momento, lasciando fuori oggi paure e stati d'animo negativi, resteranno fuori anche domani, è garantito.

Ecco come abbiamo trasformato la prima trappola in un primo punto di forza, il primo requisito per far funzionare al meglio la legge di attrazione: presenza, concentrazione massima su ogni cosa che fai, e che sia attiva, mi raccomando!

Cosa aspetti? Inizia subito!

Sveglia tutti i sensi, capta tutto ciò che ti succede attorno! Non lasciarti sfuggire il cinguettio degli uccelli, il fruscio delle foglie sugli alberi, guarda fuori, che forma hanno le nuvole oggi? Vai! Io ti aspetto!

Trappola mentale n. 2: essere poco intenzionato

Questo secondo punto prevede che io e tu stringiamo un patto. Ora ti domanderai: "e perché mai?".

Semplice. Se non lo onoriamo, se non ci armiamo entrambi di buone intenzioni, la legge d'attrazione non funzionerà. Ti spiego subito perché.

Sul potere dell'intenzione è stato scritto molto, per ora ti basta sapere ciò che sto per dirti. È un fatto ovvio, su cui magari non ci si sofferma a riflettere abbastanza. Facciamolo insieme.

Quando siamo intenzionati a fare qualcosa o a essere in un certo modo oppure ad avere un dato oggetto, siamo ben convinti, carichi, decisi. Ci diciamo:

"Sono intenzionato ad iscrivermi in palestra!"

"Ho intenzione di capire come funziona la legge d'attrazione!"

"Ho intenzione di comprarmi un bel maglione di cachemire!"

Essere nell'intenzione di ... vuol dire aver compiuto già un bel passo. Vuol dire aver preso una decisione, vinto la lotta interna, lasciato indietro i dubbi, le incertezze, le paure, i sensi di colpa. Vuol dire aver fatto chiarezza dentro di te, avere bene in mente cosa fare, volere o essere. "Voglio andare in palestra. Ho deciso. Punto." Non l'hai ancora fatto, ma è già un ottimo inizio.

Non sei invece ben intenzionato quando per la testa ti frullano pensieri del tipo: "Ci vado o non ci vado in palestra? Eh ... Non ho tempo! E chi ne ha voglia?".

Tutti pensieri, questi, di tenere lontano come la peste.

Se la seconda trappola mentale è essere poco intenzionato, il rovescio della medaglia, il punto di forza, è semplicemente esserlo.

Fare in modo di essere ben intenzionato è il secondo requisito fondamentale che ti permetterà di essere libero dal dubbio, uno dei peggiori nemici della legge di attrazione, una palla al piede.

Quando ne sei preda, ti rende difficilissimo il cammino costringendoti a compiere un passo avanti e due indietro.

Ora mi dirai: "dubbi? E chi non ne ha?".

Bene, io ti suggerisco una strategia per dribblarli e tenerli lontani proprio con il potere dell'intenzione.

L'intenzione è un'alleata importantissima: dà forza ai tuoi desideri e al contempo toglie energia ai dubbi fino ad annientarli. Ora vorrei che tu ed io rafforzassimo, suggellassimo questa intenzione con un patto simbolico.

Io mi impegno a segnalarti e tenerti lontano dalle trappole mentali e ad indicarti delle strategie che ho selezionato tra tante, sperimentandole e appurandone la loro efficacia. Non vedo l'ora di condividerle con te! Ci metto tutta la passione che ho. Tu dovrai fare la tua parte.

Se senti che è arrivato il momento di dare una svolta alla tua vita e vuoi crearne una di cui andare fiero, se anche tu hai iniziato a conoscere la legge di attrazione, ma poi ti sei perso ed ora sei disorientato e vuoi vederci chiaro, potrai seguire le mie tracce e trarne dei benefici solo se sei ben intenzionato.

Più forti sono le tue motivazioni più strada percorrerai e più ostacoli sorpasserai. Più deboli esse saranno, più in quegli ostacoli inciamperai.

Bene, vediamo ora la terza trappola mentale.

Trappola mentale n. 3: essere irresponsabile

Che colpa ne ho io?

Non credere che per far funzionare la legge di attrazione a tuo favore basti sfregare la lampada, veder uscire il genio, chiedere e ritornare poi a vivere la tua quotidianità senza renderti responsabile di alcun cambiamento. Anche se è questo che molti vogliono far credere, sappi che è solo una leggenda o meglio, una mezza verità.

È azzeccato paragonare questa legge universale al genio della lampada perché attraverso la sua piena conoscenza puoi realmente chiedere tutto ciò che vorrai essere, fare o avere.

C'è però un limite e quel limite sei tu, è in te: certi tuoi pensieri, certe emozioni, il modo in cui chiedi, l'ansia con cui carichi le tue aspettative, ciò in cui credi.

Non c'è nessun altro all'infuori di te che sia responsabile di tutto quello che hai creato e ti è capitato nella vita sino ad ora, di bello, di brutto, di giusto, di ingiusto. Nessun padre, nessuna madre, nessuna società, nessun governo, nessuna fortuna, nessuna sfortuna.

Gioie, dolori, salute, malattie, ricchezza, povertà, amore, solitudine: sono tutte tue creazioni, solo ed unicamente tue.

Immagino ora quante obiezioni e quanti esempi vorrai portarmi per affermare il contrario, ma la risposta è sempre e solo una. Sì, è tutta opera tua, di un certo tipo di pensieri che si sono stratificati fino ad attirare nella tua esistenza, esperienze, fatti, persone, situazioni in linea, in sintonia con essi.

È la legge, la legge di attrazione all'opera e lei è molto democratica, non fa sconti a nessuno e funziona sempre, che tu lo sappia a no, che tu lo voglia o meno. Lavora in silenzio, come in silenzio ogni giorno sorge e tramonta il sole.

Non temere! Guarda l'altra faccia della medaglia: il bello è proprio nel fatto che l'unico limite, l'unico e solo impedimento

19

per fortuna sei tu, è racchiuso nelle tue mani, anzi, nella tua mente e da nessun'altra parte.

Sei in balìa solo di te stesso e questo io lo trovo meraviglioso!

Quando me lo hanno fatto notare per la prima volta, ho provato un gran sollievo, anche se, lo ammetto, ci ho messo del tempo per digerire il concetto che io sono responsabile al cento per cento di tutto, ma proprio tutto ciò che mi tocca, mi coinvolge o sconvolge.

Nella vita non è importante quello che ti capita, ma come lo percepisci e lo vivi.

Io ho dovuto lavorarci su molto, perché non ho fede e non mi riesce di credere ad una determinata cosa se prima non ne comprendo il perché e il per come.

Quando ho scoperto che grazie ai pensieri potevo cambiare la mia realtà, non ci ho creduto ad occhi chiusi: ho voluto sapere, conoscere tutto, capire come questo poteva essere possibile. Lo so, non poter contare su nessuna fede è un mio limite, o forse non lo è.

Man mano che studiavo, che conoscevo i reali meccanismi della mente, è stato più semplice accettare quella verità ed ora so che io e solo io sono pienamente responsabile di ciò che mi accade. È naturale, è ovvio e non potrebbe essere diversamente.

Ho fatto mio questo concetto inizialmente, non certo per fede, ma grazie alla conoscenza che mi ha aiutato a rendermene consapevole.

Dunque anche a te ora spetta il compito di fare questo salto, di attuare questa presa di coscienza, di predisporti ad accogliere il carico della tua responsabilità e accettarlo senza rabbia e soprattutto senza sensi di colpa, perché, è bene sottolinearlo, essere responsabili non significa essere in colpa.

Tu responsabile, tu protagonista oggi, per essere tu inventore, tu maestro della tua realtà domani.

Questo il terzo punto di forza, il prerequisito numero tre.

È questa la posta in gioco: essere in grado di poter cambiare ciò che non ti piace per trasformarlo in ciò che più ti sta a cuore, in qualsiasi settore della tua vita. Vale la pena, anche se è un percorso che dovrai percorrere tu, sulle tue gambe.

Io non ho nessuna bacchetta magica. Nessuno là fuori ne ha e ne ha mai avuta una. Posso solo illuminarti il cammino, guidarti, indicarti le sette trappole, starti accanto, fare il tifo per te, ma non posso caricarti sulle spalle.

Ciò che della legge di attrazione vorrai apprendere, scoprire, lo dovrai masticare, digerire, metabolizzare tu stesso. Nessuno potrà farlo al tu posto.

Prenditi tutto il tempo che vuoi, non avere fretta! Puoi anche chiudere il libro e fare una passeggiata o qualsiasi altra cosa.

Io sono sempre qui e ti aspetto per parlarti della trappola mentale numero quattro.

Trappola mentale n. 4: il brutto vizio di non permettere

Tu, quanta felicità puoi contenere? Qual è la cosa più bella che ti potrebbe capitare?

Facciamo di nuovo una pausa: prenditi un bel quarto d'ora, rifletti e cerca di rispondere alla domanda qui sopra.

• • •

Bene. Sei sicuro di aver desiderato il massimo? Il meglio del meglio?

Questa quarta trappola mentale si aggancia alla precedente in quanto il disinnescarsi o meno delle trappole che ti sto indicando ed il manifestarsi più o meno rapidamente di piccoli miracoli, nella tua, sono direttamente proporzionali alla tua apertura o chiusura.

Dipende da quanto sei disposto ad aprirti, a lasciar passare, da quanto sei disposto a ricevere. Sì, hai capito bene, a ricevere.

Possono darti in mano tutte le soluzioni del mondo, posso farti conoscere tutte le entusiasmanti scoperte della fisica quantistica, potrai venire a conoscenza di tutte le strategie, dei metodi più preziosi, ma tu:

Riceverai solo ciò che sei pronto a ricevere.

Questo è il primo punto chiave che devi aver bene in mente se vuoi ottenere risultati dall'utilizzo pratico delle teorie della fisica quantistica e della legge di attrazione.

È una presa di coscienza molto importante. Come afferma Osho nella citazione che non a caso ho riportato all'inizio dell'introduzione, non devi cercare un maestro, devi trovare il modo di diventare discepolo, devi far spazio nella tua mente, aprirti, predisporti ad accogliere.

Ci sono persone che a livello inconscio ad esempio, non desiderano veramente guarire da una malattia. Persone che non

22

desiderano cambiare nulla della propria insoddisfacente realtà perché in fondo, si dicono, non stanno poi così male.

Persone che hanno timore di uscire dal loro guscio, dalla loro zona di confort, che sotto sotto non vogliono guadagnare di più, temono di non reggere un successo improvviso. Hanno paura di essere amate.

Esiste nell'animo umano questa paradossale paura ed incapacità di ricevere, accogliere, contenere le esperienze, le emozioni, la vita stessa.

Un po' sul serio, un po' per gioco, ho fatto un piccolo test (lo hai fatto anche tu!) e quello che è emerso mi ha meravigliata non poco.

Da quando ho preso in mano le redini della mia esistenza, grazie alla conoscenza della fisica quantistica prima e della legge di attrazione poi, delle varie teorie ad esse collegate, sento di amare così tanto la vita che spesso esprimo il desiderio di vivere fino a 120 anni. E chi non lo vorrebbe? potresti pensare tu.

Eppure ogni volta che lo affermo con convinzione mi sento dire: "Ma chi ne ha voglia? Stare in questo mondo fino a quell'età? No, preferisco andarmene prima!". Allora ogni volta mi affretto ad aggiungere che ovviamente immagino di arrivarci in buona salute fisica e mentale.

Neanche questa prospettiva fa cambiare loro idea. Tutta quella vita, troppa vita, non la reggono.

Non è un vero peccato? E allora, ti chiedo ancora una volta: tu quanta felicità, quanta vita sei disposto a contenere?

Fintanto che rifletti, che cominci a masticare questo bel boccone, ti racconto brevemente come mi sono imbattuta nella legge di attrazione.

Il primo incontro fallito

Diversi anni fa per motivi di lavoro, frequentavo luoghi che erano per me a dir poco meravigliosi. Centri di distribuzione libri dai quali si riforniscono tutt'ora librerie di mezza Italia. Interminabili corridoi, corsie con scaffali alti fino al soffitto ricolmi di libri di ogni genere che amavo prendere, toccare, sfogliare.

Più di una volta ad attirare la mia attenzione erano libri che parlavano della legge di attrazione, di cui ne ignoravo del tutto l'esistenza e che puntualmente riponevo sugli scaffali.

Eppure ogni volta mi incuriosivano, mi spingevano a prenderli in mano.

Le copertine e il loro risvolto parlavano di segreti, chiavi per decifrarli, verità rivelate da entità non fisiche.

Tutti promettevano di trasformare la vita in una esistenza piena di soldi, successo, salute, amore.

Io non rincorrevo nulla di tutto ciò. Non avevo e non ho problemi di salute e tantomeno d'amore: quell'ultima parola non vibrava più in me da decenni.

Successo e soldi. Forse li avevo rincorsi e posseduti in una vita precedente. In questa, la voglia di occuparmi in prima persona dei figli e una laurea in lettere presa per passione contro tutto e tutti, non erano certo sufficienti a far cambiare di colore il saldo del conto corrente, perennemente in rosso.

"Tutti si affannano solo a far soldi..." In preda a questo pensiero, richiudevo il libro di turno, lo riponevo e passavo oltre. Io rincorrevo altro. Cosa? Boh!

Cosa era successo? Semplice: non ero pronta a ricevere tutta quella grazia, ad aprire la porta ad un mondo affascinante. Gli ho posto resistenza, vinta dalle mie convinzioni errate, dalle credenze che mi limitavano, dal pregiudizio, dal pensiero negativo.

Tutto questo mi ha subito bloccato la strada. Ho dovuto attendere due anni per rivederla passare.

Perché non ero pronta? Che tipo di vita conducevo?

In apparenza una vita normale. In realtà mi ero inaridita, ma non lo sapevo. Ero circondata da persone aride, ma non me ne rendevo conto. Avevo perso tutte le migliori amicizie, ma non me ne ero accorta.

Avevo messo a tacere la mia creatività. Sempre scura in volto anche quando non avevo motivo per esserlo. Me lo facevano notare spesso e ogni volta brontolavo che non era vero.

Per anni ed anni è stata questa la mia vita, soddisfatta solo del mio ruolo di mamma, pazienza se fare l'impiegata era un lavoro che odiavo. Prima di me c'era la famiglia, i figli da tirar su, il mutuo da pagare.

Mi capitavano i peggior titolari, subivo soprusi, umiliazioni? Che importava? L'importante era lavorare.

Sopporta! Era il mio imperativo preferito. Del resto la vita è dura per tutti, no? Cosa credevo, che facesse sconti proprio a me?

Anche quando le mortificazioni, le umiliazioni entrarono dalla porta di casa, sopportavo, permettevo, fino ad accettare passivamente compromessi: per vari anni ho vissuto da separata in casa.

Raramente mi chiedevo: "Sono felice in questo periodo?" Non mi rispondevo con un no o con un sì, ma con lucidità: "È la vita che ho scelto".

Non prendevo nemmeno in considerazione la possibilità che la mia vita potesse essere diversa, che ne meritassi una diversa. Le scelte le avevo già fatte e pazienza se risultavano essere sbagliate. Ci sono però sempre, non una, ma infinite possibilità per girare la medaglia, trasformare anche questa trappola mentale in un requisito.

Allarga le braccia, fai spazio, sii pronto ad accogliere, a ricevere, è questo il prerequisito numero quattro.

Continuiamo e scopriamo insieme le ultime due trappole mentali.

Trappola mentale n. 5: avere pregiudizi

Dal racconto della mia storia, avrai potuto notare altri due atteggiamenti mentali errati. Il primo, lo avrai notato, è il pregiudizio.

Per predisporti al meglio a ricevere quanta più felicità e prosperità possibile, è condizione necessaria che tu sia libero dalle barriere dei pregiudizi, dai limiti mentali.

Devi provare ad abbattere tutti i muri e poi sgombrare le macerie, fare il vuoto. Provare ad avvicinarti alla comprensione della fisica quantistica e della legge di attrazione con la mente aperta, curiosa, accantonando ogni tipo di giudizio per permettere che tutte le informazioni giungano a te.

Molte le accetterai, la tua mente razionale le accetterà, ad altre porrai resistenza, all'inizio penserai: "Impossibile, non ci credo!"

Abbi pazienza, la mente va educata per gradi. La stessa cosa è capitata a me.

Ho voluto creare appositamente questa breve lista di errori, trappole mentali e aiutarti a trasformarli in prerequisiti da infilare nella tua cassetta degli attrezzi, per ridurre al minimo le resistenze, gli attriti della mente ed iniziare ad uscire dai suoi soliti schemi.

Potrai così aprire le porte alla legge di attrazione e iniziare il cammino verso la sua conoscenza partendo ben equipaggiato e con il piede giusto.

Alla fine della lettura di questo libro, forse non riuscirai a dire: "Ci credo", ma sono sicura che riuscirai a dire: "È possibile." E già questo sarà un ottimo successo.

Sospendi il giudizio, preparati a far spazio a nuovi schemi mentali, è il punto di forza e prerequisito numero cinque

Trappola mentale n.6: essere inconsapevole

Ascoltando la mia storia ti sarai accorto di come il non sapere, il non credere di meritarmi una vita migliore, il non essere stata educata a credere che ognuno ha il sacrosanto diritto e dovere di crearsi la miglior vita che c'è, mi tenesse chiusa in una bolla di rassegnazione.

È bastato acquisire la consapevolezza opposta per veder cambiare sotto i miei occhi le realtà che mi circondava.

Ecco subito il rovescio della medaglia, il sesto punto di forza: essere consapevole per riconoscere e prendere al volo tutte le opportunità.

Come si diventa consapevoli?

Cerca di tenere sempre aperta la mente, di apprendere in continuazione, esplorare nuove idee, adottare nuovi paradigmi. Sii disposto al cambiamento, a mettere in discussione che ciò che finora sapevi essere giusto.

Forse non lo sai, ma i fisici di tutto il mondo non dormono più sonni tranquilli dal 1900! Da quando hanno scoperto che tutta la fisica classica newtoniana, quella che si studia a scuola e nelle università, fa acqua da tutte le parti.

Quando, nel 1927, si sono riuniti e ritrovati al Congresso di Solvay a Bruxelles, hanno ammesso con grande coraggio che la realtà è inconoscibile. Erano in 29 e ben 17 di loro avrebbero poi ottenuto il Premio Nobel. Tra loro c'era anche Albert Einstein ed un'unica donna, Madame Curie.

La conoscenza profonda, quella che fai tua fin nel profondo e non l'informazione superficiale, è la strada maestra per acquisire consapevolezza. Piano piano metterà radici in te ed avrà la forza di germogliare, creare nuove credenze e demolirne altre che magari ti porti dietro da una vita.

Anche io come tante, tantissime persone, ho sempre creduto che la vita fosse dura, colma di ostacoli, spesso in salita e costellata di sacrifici. Credendo che fosse esattamente così, come hai visto, mi adeguavo, mi rassegnavo sentendomi spesso impotente di fronte ad un destino più grande di me.

Poi mio padre si ammala e nel giro di pochi mesi, dopo un breve periodo di agonia, muore. Quei giorni trascorsi al suo capezzale sono stati come uno schiaffo.

Lì ho compreso il grande dono della vita. La vedevo uscire, svanire lentamente, inesorabile dal suo corpo. Mi sentivo quasi in colpa che io invece la contenessi ancora tutta.

Non pensavo che la vita fosse uno schifo, desolazione, una fregatura, come mi sussurravano nei giorni a seguire facendomi le condoglianze. Al contrario per la prima volta iniziai a sentirla piano piano scorrere in me.

Ne comprendevo la sacralità e allo stesso tempo il diritto e il dovere di onorarla, anche se da tempo ormai ne avevo lasciato il timone.

Stavo pian piano facendo posto in me, ad una nuova consapevolezza, ma non sapevo da che parte iniziare per attuare anche il più piccolo dei cambiamenti.

È stato in quel periodo che la legge di attrazione è ripassata da me, vestendo un abito più razionale, una chiave più realistica e concreta.

Grazie a lei ho avuto modo di conoscere pareri opposti in merito alla qualità della vita. Leggendo libri, ascoltando autori, parlando con dei coach, tutto ciò mi ha pian piano aiutata a cambiare idea, ed ho sostituito una credenza limitante con una nuova.

Ora sono consapevole che siamo qui per godere dell'esistenza in tutti i suoi aspetti e che la condizione di prosperità, abbondanza, amore, salute, gioia è la sola e unica naturale, connaturata in ognuno di noi. Ripeto: in ognuno di noi.

Una credenza di questo tipo non può che predisporti a dei piccoli grandi miracoli per il solo fatto che lo consideri semplicemente possibile.

Quando ho capito e soprattutto sentito che meritavo anche io una vita migliore, è stato tutto molto più facile e naturale.

Complice la legge di attrazione, sono uscita da quella gabbia in cui ero prigioniera. Ora sono felicemente separata, circondata da affetto. La vita mi ha restituito con gli interessi le migliori amicizie che negli anni avevo perso.

Ho smesso i panni dell'impiegata, le mie capacità e competenze sono ben apprezzate dai colleghi con cui ora lavoro.

Ho ricevuto una piccola eredità inaspettata, non ho debiti e il saldo del conto corrente è finalmente attivo.

Ho ridato voce alla mia creatività, ritrovato il peso forma dei miei vent'anni e una solarità, una gioia di vivere che non mi erano mai appartenute.

"Sei rifiorita" mi dicono ora gli amici e i colleghi e in molti mi domandano come ho fatto.

Conoscere, capire, esplorare, provare, ti renderanno sempre più consapevole.

Trappola mentale n. 7: avere troppe aspettative e poca fiducia

Di norma quando inizi un qualsiasi tipo di percorso, una dieta dimagrante o una nuova relazione sentimentale, ti carichi di tante belle aspettative, giusto? No! Sbagliato!

"Ma come?", dirai tu. Lascia che ti spieghi.

Concentrandoti solo sull'aspettativa, sul risultato finale, non fai altro che caricare, inquinare il tutto con la tua ansia.

Più alte le tue aspettative saranno, più ti ritroverai deluso alla fine del percorso se qualcosa non è andato come ti saresti aspettato che andasse.

Molti, troppi rapporti interpersonali sono basati su un'eccessiva aspettativa. Quante volte ti sarà capitato di rimanere deluso dal comportamento di qualche tuo amico, collega, marito, moglie, solo perché non si è comportato come tu ti spettavi si comportasse?

Magari, anzi, di certo l'altro aveva della stessa situazione, una percezione diversa dalla tua.

Le situazioni sono sempre neutre: siamo noi che diamo loro una veste negativa o positiva, secondo il nostro personale modo di percepire, di vedere.

Ti faccio un esempio pratico. Prendiamo un argomento sempre attuale: fenomeno dell'immigrazione clandestina. Esso di per sé è neutro, è un evento. Punto.

Diversi i modi di percepirlo. Puoi provare rabbia, desiderio di ricacciare gli immigrati con forza nei loro paesi, puoi provare intolleranza, odio.

Puoi provare compassione, pietà umana, fratellanza e voglia di prodigarti per loro, puoi provare amore.

Non è così? In base alla percezione creiamo poi le nostre aspettative che si scontrano con le aspettative degli altri. Quando le nostre vengono deluse ecco che nasce il conflitto, lo scontro, la protesta. La guerra.

Suggerisco di approcciarti sempre con molta fiducia, disponibilità, alle nuove situazioni che nel tuo piccolo ti appresti a vivere, di tenere sotto controllo le aspettative e di goderti e osservare il cammino, momento per momento.

Prova a chiedere prima a te stesso e poi al tuo interlocutore di turno: cosa ti aspetti da me? Apri la porta al confronto.

Meno aspettative e più fiducia. Mi sembra un'ottima ricetta.

Il prerequisito per affrontare la lettura di questo libro, è non avere aspettative esagerate, ma assaporare e goderti fino in fondo ogni passo.

Facciamo Il Punto

Ci stiamo avviando alla fine di questa parte dedicata al riscaldamento. Prima di porti l'ultima domanda del Test e verificare il risultato, ti riassumo in breve le sette trappole mentali e a seguire, i sette prerequisiti per avvicinarti nel modo ottimale alla coperta della fisica quantistica e della legge di attrazione.

Trappole mentali

1. Essere assente significa non poter cogliere e assaporare la meraviglia di ogni istante e lasciare libero sfogo ai pensieri distruttivi.

2. Essere poco intenzionato significa non essere in grado di dar forza ed energia ai tuoi desideri. Risultato? Via libera al dubbio e totale incapacità di affrontare e superare gli ostacoli. Rinuncia. Mancato raggiungimento dell'obiettivo.

3. Essere irresponsabile significa non diventare protagonista assoluto e maestro nel creare la realtà che hai sempre sognato. Significa continuare a credere che le risposte siano solo fuori, subire scelte e vivere impantanato una vita che non ti appartiene.

4. Non permettere significa lasciare fuori della porta felicità, prosperità, salute. Sbarrare la strada al cambiamento.

5. Avere pregiudizi significa non poter godere di pensieri nuovi e rivoluzionari. Rimanere invischiati, vivere e rivivere le stesse brutte esperienze.

6. Essere inconsapevole significa non capire che puoi attrarre piccole e grandi meraviglie solo con i tuoi pensieri.

7. Avere troppe aspettative e poca fiducia significa rischiare di mandare in circolo l'ansia, la paura del fallimento e veder svanire in modo rapido la vita che hai desiderato. Significa irrigidirsi sulla propria percezione e preparare il terreno per generare rapporti conflittuali.

Se capirai in profondità solo uno di questi errori e farai tuo l'esatto contrario, sarà logico, automatico entrare nella condizione giusta per evitare anche tutti gli altri, spalancare la strada al successo e ai piccoli grandi miracoli nella tua vita, così come è successo a me.
Ecco in sintesi il rovescio della stessa medaglia.

Il giusto mindset per ricavare il massimo dalle leggi della fisica quantistica e dalla legge di attrazione

1. **Presenza attiva** significa annullare rimorsi, sensi di colpa, rimpianti, ansie, timori e godere per intero l'emozione del momento.

2. **Essere ben intenzionato** significa dar carburante, energia positiva ai tuoi propositi. Un buon punto di partenza.

3. **Tu responsabile, tu protagonista oggi**, significa creare e diventare maestro della tua realtà domani.

4. **Permettere** significa allargare le braccia, far spazio, essere pronto ad accogliere, a ricevere.

5. **Sospendere il giudizio** significa prepararti a far spazio e ad accettare nuovi schemi mentali.

6. **Essere consapevole** significa togliersi le bende dagli occhi, riconoscere e prendere al volo tutte le opportunità.

7. Non avere aspettative esagerate significa permetterti di assaporare e godere fino in fondo ogni tipo di percorso con spirito giocoso, libero da ansie. Significa accogliere anche le aspettative degli altri e disporsi ad un sano confronto.

Entra in questi stati mentali, calzali, sentili tuoi, profondamente tuoi. Prenditi tutto il tempo che ti occorre.

Se farai in modo di seguire ciò che ti ho detto ti sarai conquistato un'ottima base di partenza, un posto in prima fila.

Sarai nella giusta condizione, pronto a permettere il pieno funzionamento della legge di attrazione e di conseguenza a liberarti da tutte le tue paure, ansie, preoccupazioni per lasciar posto alla gioia e all'entusiasmo e veder migliorare la tua vita giorno dopo giorno.

Non me ne sono dimenticata ecco l'ultima domanda del Test:

8. Durante la lettura di questa introduzione quali sono stati fin qui i tuoi pensieri ricorrenti?

A = Non credo ad una sola parola. Sciocchezze. Non so perché sto ancora continuando a leggere

B = Alcuni spunti li trovo interessanti, altri meno

C = Interessante. Molti requisiti mi appartengono già

RISULTATI DEL TEST

Conta quante risposte A, B, C, hai totalizzato e leggi il profilo corrispondente alla lettera con maggiori risposte.

Se hai ottenuto in prevalenza risposte A

Fai ancora parecchi errori, cadi in molte trappole, per questo la tua vita non va come vorresti, e se hai provato a far funzionare la Legge di attrazione, sei rimasto deluso.

Non preoccuparti, sono trappole mentali molto comuni, ed il solo fatto di esserne ora a conoscenza, è già un passo avanti rispetto a chi ne è totalmente inconsapevole.

Non commettere proprio ora il peggiore degli errori: quello di abbandonare e voltare le spalle come è capitato a me.

Vai avanti, ti aspetta una bella ed entusiasmante sfida: rilassati, apriti, permetti alla serenità, alla prosperità di entrare nella tua vita!

Se hai ottenuto in prevalenza risposte B

Bene! Sei già nel mezzo del cammino. Ancora inciampi in qualche trappola, hai alti e bassi. È normale. Ora che conosci cosa evitare e cosa rafforzare, andrà decisamente meglio.

La sfida continua, non smettere di lavorare su te stesso e di conoscere, apprendere. Sei sulla strada giusta!

Se hai ottenuto in prevalenza risposte C

Complimenti! Ti sei guadagnato un posto in prima fila. Sei bell' e pronto, equipaggiato per scoprire tutte le meravigliose potenzialità della fisica quantistica, della legge di attrazione e della tua mente, dei tuoi pensieri.

Continua su questa strada, mantieniti aperto, fai spazio, allarga le braccia: presto felicità e prosperità busseranno alla tua porta!

****

Il test che ti ho proposto è un gioco, un piccolo, ma efficace metodo per fare il punto, riflettere e portare la tua attenzione su atteggiamenti e schemi mentali, di cui spesso sei inconsapevole. L'ideale è che tu abbia risposto a tutte e sette le domande contrassegnando la lettera C.

In ogni caso, sai dove devi lavorare di più e dove meno. Sappi che non si cambia modo di pensare dall'oggi al domani: non avere fretta!

In pratica

So che potresti aver voglia di iniziare subito, di fare qualcosa di concreto, ti accontento.

Ecco allora in pratica cosa puoi fare iniziando oggi stesso:

→ **Sospendi il giudizio.**

Sforzati di non giudicare, criticare, sentenziare.

Lo facciamo tutti, ogni giorno: "Ma guarda come si è vestita quella!" "Imbranato! Chi ti ha dato la patente?" "Sei proprio pazzo a pensarla così" eccetera eccetera.

Demodé, sciatto, imbranato, pazzo, sono tutti giudizi, etichette che appicichiamo addosso agli altri. Inoltre, quando li pronunciamo, quando ci erigiamo a giudici, lo stato d'animo che ci accompagna è spesso caratterizzato da irritazione, nervosismo, nei casi più gravi da rabbia, disprezzo.

Perché ci stiamo regalando questi stati d'animo?

Fai, invece, un passo indietro e osserva. Limitati ad osservare con distacco e quegli stati d'animo pesanti, cupi, svaniranno e tu non potrai che sentirti meglio. Non solo.

Osservando in modo neutro, pulito, ti accorgerai di quanto questa pratica, questo vizio del giudicare sia molto diffusa e inizierai istintivamente a prendere le distanze da persone, conoscenti che ne fanno un uso considerevole.

→ **Passa da giudice ad osservatore.**

→ **Rallenta e rilassati.**

Allenta il più possibile lo stress, rallenta i tuoi ritmi, accogli nella tua quotidianità la parola CALMA. Ritagliati dei preziosi momenti di SILENZIO.

Il rilassamento fisico-mentale è una condizione essenziale, necessaria per veder agire nei migliori dei modi la legge di attrazione perché ti predispone ad accogliere, a ricevere rendendo la tua mente molto più ricettiva.

Non giudicare, osserva, rallenta, rifugiati nel
silenzio.

Aggiungi questi quattro esercizi pratici, prendi le distanze dalle
sette trappole mentali, disattivale, trasformale nel loro esatto
contrario e sarai pronto per questo meraviglioso viaggio.

"Nei tuoi pensieri il segreto del tuo destino"

Capitolo Uno

"Le Meraviglie della Mente", metodo in tre passi

Ciò che hai letto fino ad ora ti sarà molto utile. Sono informazioni preziose, che nessuno mette mai in relazione né con la fisica quantistica, né con la legge di attrazione. Sono in realtà di vitale importanza e sono molto fiera di te per esserti concesso dei momenti per leggerle.

Forse non lo sai, ma il tempo che hai dedicato alla lettura, alla riflessione, sono stati momenti preziosi, perché ti hanno permesso di compiere un primo fondamentale passo, per questo voglio congratularmi ancora con te.

Ora hai una prima mappa su cui orientarti e, grazie al Test che potrai ripetere a distanza di tempo, hai un termometro per capire in ogni momento se stai progredendo o mettendo un piede in fallo.

Coraggio! Sei ben equipaggiato, hai con te ai blocchi di partenza una fornita cassetta degli attrezzi.

Ti affiancherò e ti accompagnerò in soli tre passi, nella entusiasmante scoperta e vera comprensione delle affascinanti leggi universali.

Tanti parlano ormai della fisica quantistica, ne ripercorrono la storia, pochi sanno come trarne vantaggio nella vita quotidiana. Lo stesso vale per la legge di attrazione, pochi sanno come veramente funziona, ma tu, se mi seguirai, ne diverrai un vero maestro.

Il mio lavoro, il mio studio, non si è fermato nell'isolare le sette trappole mentali, è proseguito oltre. Ho voglia di farti conoscere e condividere con te ciò che negli anni ho approfondito e scoperto.

La mia voglia di capire, di studiare, la mia curiosità e la passione per i meccanismi in gran parte sconosciuti della mente umana, mi hanno portata a mettere a punto un preciso percorso che ho voluto chiamare, "Le Meraviglie della Mente".

È un metodo che scoprirai in questo libro, racchiuso in tre passi, che ti portano da qualunque situazione tu ti trovi ora, ad una completamente diversa. Ti portano a vivere una vita più serena, più gioiosa, più felice, più beata se vuoi, pur in mezzo alle difficoltà, alle beghe, agli imprevisti quotidiani.

Non cadrai più in preda all'irritazione, al nervosismo, alla rabbia per un nonnulla. Tutto questo non ti verrà calato dall'alto, ma sarai tu stesso ad ottenerlo con le tue stesse mani, anzi, con la tua stessa mente.

Cosa aspettarti da questo percorso: avvertenze

Ovviamente un libro non è sufficiente per cambiare modo di vivere e non si cambia vita dall'oggi al domani. Occorre tempo e gradualità. Il metodo ti offre, se vuoi, un percorso più lungo. Dopo ogni capitolo, puoi lasciare il tempo alla mente di assimilare i concetti spesso contro intuitivi e trasformarli in nuove abitudini. Ti indica i passi da compiere, uno dietro l'altro, i tempi li decidi tu.

Ecco le caratteristiche principale del metodo:

- **Non c'è nessun mistero**, nessuna chiave segreta e non è necessario entrare in contatto con *maestri evoluti ed incorporei*, come da anni affermano certi best sellers.

- **È pratico**. Ti guida a tradurre e mettere in pratica nella realtà quotidiana le teorie della fisica quantistica e i principi della legge di attrazione. Saprai esattamente cosa evitare, cosa fare e come farlo per attrarre tutto ciò che desideri essere o avere.

- **Ha un approccio realistico, concreto, razionale.** Riporta casi studio scientificamente documentati. È frutto della mia esperienza e di un lungo e appassionato studio, volto a capire ogni volta il perché e come beneficiarne nella realtà quotidiana.

- **Agisce alla radice.** Spesso i libri danno informazioni settoriali, slegate, dimentichi che sei immerso in una realtà multiforme: denaro, salute, amore, successo, spiritualità. La tua vita è fatta di tutti questi aspetti e l'ideale è che tu possa goderne in un mix perfetto ed equilibrato.

  Il metodo ha un approccio del tutto diverso: agisce alla radice ed innesca, con un effetto domino, straordinari cambiamenti in ogni ambito della tua vita.

  Ti dico la verità: l'unico vero motivo per cui la legge di attrazione non funziona è se non ci credi, non ci credi abbastanza, non ci credi pienamente. E allora?

  Non serve essere bombardato fin dall'inizio da esercizi: visualizzare, chiedere, recitare buoni propositi.

- **Educa la tua mente a credere** attraverso la conoscenza e ad agire un po' alla volta.

- **È entusiasmante.** Diventi presto consapevole che per trovare coraggio, per uscire o migliorare certe situazioni o gestire le tue paure, non serve granché: sapere quello che pensi e modificarlo!

- **Prevede e si sviluppa in 3 distinti passi.** Ad ogni passo ti appropri di uno o più punti chiave per creare solide fondamenta su cui poggiare la legge e scopri pochi, ma efficaci, esercizi preliminari. È venuta l'ora di presentarteli!

1. CONOSCERE. Ecco perché il pensiero è il vero dono, la vera ricchezza della tua vita.

Nel primo passo sgombri il terreno dai falsi miti e scopri cosa realmente devi sapere per credere. Credere fino all'ultima cellula del tuo alluce, per riprogrammare con decisione i tuoi pensieri e trasformare la penuria in prosperità, la malattia in salute, i timori in coraggio.
Possono le piante, l'acqua e la mente collettiva rispondere ai nostri pensieri e intenzioni? Lo scoprirai con tre casi studio.

2. SENTIRE. La riabilitazione delle emozioni, bussola per una vita migliore.

Sentire le emozioni. Nel secondo passo ti spiego perché vivere quotidianamente senza saperle ascoltare è un errore gigantesco. Migliora le tue emozioni e vedrai migliorare la tua salute. Scopri cosa succede all'interno del tuo corpo e dei tuoi organi ad ogni stato d'animo.

3. APPLICARE. Dentro il meccanismo: come cambiare vita in cinque mosse.

Nel terzo passo è il momento di agire e fare. A questo punto sai che solo tu con i tuoi pensieri sei l'unico architetto di ogni situazione che vivi. Ti mostro cinque pratici step che mettono in moto la legge di attrazione, spiegati come nessuno fa. Farai largo alla pace interiore, godendoti la vita che hai sempre desiderato.

Come è nato questo progetto

Dopo aver scoperto l'esistenza della legge di attrazione, ho messo in atto un meccanismo di difesa: le ponevo resistenza ed ho faticato non poco ad accettare questa *cosa*, che aveva tutta l'aria di essere una teoria strampalata e di sconfinare nella superstizione.

Quello che prometteva era meraviglioso quanto ridicolo per una come me, votata da anni a contare solo sulla pura razionalità.

Non mi aiutava a credere nemmeno la fede, perché non ne ho mai posseduta una.

Mi sentivo molto frustrata nel leggere assunti dettati da entità non ben definite e spesso ridicola, quando timidamente provavo a mettere in pratica ciò che nei libri era caldamente consigliato.

Delusa, lasciavo perdere tutto, con il risultato di rimanere ferma, bloccata in una vita, che finalmente iniziavo a sentir scorrere dentro e mi spingeva a cambiare direzione, fuori.

Ho fatto pace con la legge di attrazione e iniziato a godere dei suoi frutti, solo quando l'ho spogliata di quell'aurea di mistero, magia e miracolo che le è stata cucita addosso e riportata in una dimensione più logica, restituendole una veste realistica, concreta e razionale.

Solo a quel punto sono ritornata da lei e iniziato a compiere esercizi pratici con piena consapevolezza. Come ho fatto? Ho applicato, praticato ciò che mi veniva insegnato. Ho sperimentato. Ho giocato.

Ho continuato a studiare e a domandarmi ad ogni passo quale impatto potesse avere nella vita di tutti i giorni ciò che apprendevo.

Ho approfondito lo studio della mente e del cervello, dell'epigenetica, delle neuroscienze. Mi sono aperta al Theta Healing, all'Ho-Oponopono, al buddismo come al cristianesimo, imparato a dialogare con l'inconscio, frequentato corsi, seguito conferenze, investendo centinaia e centinaia di euro.

Ho scoperto che la legge di attrazione è così semplice e ovvia e che è nella nostra mente il centro, il fulcro. Ora so che le meraviglie sono possibili e che per davvero non c'è nulla che non possiamo fare, essere o avere.

Oggi il mio intento è quello di aiutare te e tutte quelle persone desiderose di migliorare la propria esistenza, a sentirsi bene, appagati, liberi dalle mille zavorre mentali e di appropriarsi di un diverso modo di pensare e vivere, rivoluzionario.

PASSO NUMERO UNO

CONOSCERE.

Il pensiero, il vero dono, la vera ricchezza della tua vita

"Fra tutti i misteri da cui siamo circondati, niente è più sicuro del fatto che siamo sempre in presenza di un'infinita ed Eterna energia dalla quale provengono tutte le cose."

Herbert Spencer

Capitolo Due

I cinque falsi miti che inquinano la legge di attrazione

Bene, ora che sei ben equipaggiato preparati ad affrontare il primo passo incentrato sul pensiero.

Il dono del pensiero

Quando per me la legge di attrazione ha iniziato a funzionare nel modo giusto, mi sono voltata indietro per vedere dove, cosa avevo sbagliato, perché avevo trovato delle difficoltà.

Ho scoperto che l'ostacolo principale era dovuto al fatto che non sapevo, mi mancavano delle conoscenze a monte su cui appoggiare ciò che man mano apprendevo sulla legge. Non ero consapevole fino in fondo della sua efficacia.

In poche parole non ci credevo con tutta l'anima: c'era sempre una parte di me che franava, pronta a dirmi "ma non ci crederai sul serio?" Non immaginavo, non conoscevo l'enorme e affascinante potere racchiuso nei pensieri.
Viviamo in un mondo in cui ogni giorno siamo bombardati e distratti da mille informazioni. Qui invece avrai la possibilità di raccogliere piccole ma preziose gemme di conoscenza che man

mano si trasformeranno in consapevolezza, in nuove e potenti convinzioni.

So che penserai che a te non interessa conoscere, ma risolvere i tuoi problemi, andare subito al sodo!

In generale questa è una sacrosanta verità, ma purtroppo non esiste al mondo una medicina, una pillola che la ingoi e dopo venti minuti vedi cambiare e migliorare la tua vita!

Il modo per andare subito al sodo, la scorciatoia è conoscere, o meglio comprendere, comprendere a fondo.

La prima soluzione che ti offro, che ti metto in mano è dunque la comprensione e farò in modo che questa sia semplice, ma profonda.

I punti chiave

Tranquillo, non dovrai studiare l'enciclopedia Treccani. Poche ma mirate saranno le cose, i punti chiave che dovrai far tuoi, rispettando i tuoi tempi.

Sono punti non strettamente legati alla legge di attrazione, ma fondamentali per farla funzionare al top. Non li ho inventati io, sono piccole grandi verità, alcune vecchie di millenni!

Le ho solo prese in prestito, testata l'efficacia, e poste a mo' di pilastri, fondamenta solide su cui poggiare la legge di attrazione.

Non a caso prima ti ho parlato di piccole e preziose gemme di conoscenza.

Non v'è dubbio che già da questo primo passo inizieranno a mettere, quasi senza che tu te ne accorga, profonde radici in te e germoglieranno foglia dopo foglia, ramo su ramo a formare quell'albero frondoso che diventerà il tuo essere: solido, maestoso, ben radicato alla terra ed anche ben proteso verso l'alto, verso l'infinito.

Mi piace molto ricorrere all'albero quale metafora di noi stessi e di quella condizione ideale a cui aspirare: la profonda connessione tra la nostra vera ed intima essenza (la radice) e la mente, i pensieri (la chioma).

Come nell'albero la linfa dalle radici scorre senza ostacoli fin nella più piccola delle foglie, in una continua connessione, lo stesso dovrebbe valere per te. Tendere ad abbattere le barriere tra ciò che sei e desideri veramente, ed i pensieri, in un fluire continuo ed in perfetto allineamento.

Solo allora avrai il potere di far accadere le cose, di creare la vita che vuoi senza dover lottare, sgomitare, ma affidandoti alla corrente, in un divenire che ti porterà in modo naturale ad essere nel posto giusto al momento giusto.

Solo allora i pensieri potranno finalmente ramificare, espandersi, liberi, tesi a catturare tutta l'energia e l'armonia dell'Universo, perché anche i pensieri vibrano, emettono vibrazioni.

1° Punto Chiave

Del primo punto chiave abbiamo già parlato nell'introduzione a proposito delle sette trappole mentali. Te lo riassumo in breve.

Riceverai solo ciò che sei pronto a ricevere.

Tutto quello che ti dirò e che scoprirai strada facendo, avrà un senso e funzionerà in base a quanto sei disposto ad aprirti, a lasciar passare, a quanto sei disposto a ricevere. Solo tu decidi se chiudere, socchiudere o spalancare la porta ad una vita migliore.

2° Punto Chiave

Ecco ora il secondo punto chiave con il quale dovrai cominciare a familiarizzare e sul quale ritorneremo spesso.

Comprendere che tutto è energia, energia che vibra.

Una corrente vibrazionale pervade l'intero l'Universo e tutti ne siamo influenzati. Essa è anche dentro di noi e dentro ciascun nostro pensiero.

La legge di attrazione

Conoscere cos'è e come funziona la legge di attrazione è fondamentale, ma per farlo nel modo giusto è necessario sgombrare prima il campo dalle macerie, dalle dicerie, dai falsi miti che la circondano. Solo così otterrai una base pulita, solida, su cui iniziare a progettare, costruire e realizzare con successo il tuo futuro.

Eviterai passi falsi, smetterai di attirare nella tua vita eventi, situazioni, persone sgradite, fallimenti, e tutto il carico di emozioni negative che inevitabilmente si trascinano dietro.

I cinque falsi miti che inquinano la legge di attrazione

1. La legge di attrazione non è un segreto, non è un mistero, non ha bisogno di nessuna entità o facoltà extrasensoriale per essere divulgata.

Nel 2007 la legge di attrazione è stata presentata al grande pubblico, lasciando le circoscritte stanze del mondo accademico, grazie a "The secret" il libro di Rhonda Byrne, a cui fece immediatamente seguito l'omonimo film.

Entrambi riscossero un enorme successo prima in America e poi nel resto del mondo, e molto probabilmente se non sei proprio a digiuno sull'argomento, li conoscerai anche tu entrambi.

Come potrai notare, già dal titolo si è voluto creare subito un alone di mistero parlando di "segreto". A lungo è risuonata e risuona tutt'ora sulle copertine dei libri, questa parola.

Quando non è il titolo ad essere misterioso, è la modalità con la quale la legge viene spiegata, esposta. Prendiamo ad esempio gli autori Ester e Jerry Hicks, famosi e bravi divulgatori se non fosse per quel modo di presentare i loro libri come se fossero stati trasmessi, canalizzati da un'entità non fisica chiamata Abrham.

È stato proprio un loro libro, il primo che ho letto sulla legge di attrazione. Sapevo che essa era legata, connessa alle leggi della fisica quantistica, avevo visto gli interventi di fisici e studiosi nel famoso film.

Era il legame, la base scientifica, quello che volevo conoscere, capire e che mi faceva gola, ma dovetti fare un grande sforzo per proseguire nella lettura. Il contenuto di quel libro lo trovavo affascinante, dirompente, ma quell'insistere sulla presenza di quella non ben chiara entità, mi dava un sincero fastidio.

Ora so che la mia mente non era pronta ad accettare, poneva resistenza suggerendomi ogni volta di chiudere e abbandonare una volta per tutte la lettura.

Solo la mia forte curiosità e la mia salda intenzione di capire, mi hanno fatto ignorare, spingere da parte il come gli autori erano venuti a conoscenza della legge di attrazione, per concentrarmi solo sul cosa avevano da dirmi.

Oggi quel fastidio si è trasformato in un più sano "è possibile."

Quando, prima di scrivere questo libro, prestavo o addirittura regalavo quei libri a chi si avvicinava per la prima volta alla legge di attrazione, facevo loro delle interminabili raccomandazioni, ma ciò nonostante la figura di Abrham era ed è un bell'ostacolo perché spinge il lettore tra le braccia dello scetticismo.

Non rassicura le nostre menti occidentali votate da tre secoli al metodo scientifico sperimentale ben sintetizzato nel più popolare detto: " se non vedo non credo".

2. La legge di attrazione non è arte magica né esoterica, non riguarda il paranormale. Non ha bisogno di maghi, illusionisti, sfere di cristallo e cartomanti

Anche se non valgono più i canoni della fisica classica newtoniana, quella studiata a scuola e dobbiamo tutti avvalerci di altri paradigmi, essere pronti ad accogliere e a far strada a nuove prospettive, queste già esistono. Sono le vie della nuova scienza, quelle della fisica quantistica che dobbiamo percorrere ed indagare, altrimenti si cade nella superstizione o nel cieco fanatismo.

3. La legge di attrazione non è una religione

Non devi seguire nessun credo o legarti ad alcun capo spirituale. Ciò nonostante, la legge di attrazione è anche la risposta a tutti quei fenomeni finora incompresi dalla scienza e per i quali l'unica risposta accettabile era solo una: miracolo.

4. La legge di attrazione non è un giochetto, una formula da imparare, o un interruttore da schiacciare per ottenere una Ferrari, o un milione di euro sul tuo conto corrente

Spesso ci si avvicina per soddisfare dei bisogni materiali, venali e si vede la legge di attrazione come una sorta di lampada di

Aladino. In un certo senso è così, va benissimo, ma io ti dico che essa è molto, molto di più.

Conoscerla, studiarla, è un percorso che agisce in profondità, che ti cambia modo di pensare, di percepire e dunque di vivere la realtà. È un cambiamento lento, profondo e così rivoluzionario che sarai una persona diversa, migliore, non c'è alcun dubbio.

Non si tratta di un gioco. È fondamentale, invece, un impegno costante e soprattutto avvicinarsi con i giusti atteggiamenti mentali che ti ho ben illustrato. Per questo infine,

5. La legge di attrazione non è per tutti

Sprecherai solo tempo:

- se pensi di poter finalmente cambiare la tua vita senza muovere un dito e senza alcuno sforzo da parte tua.

- Se credi che io o qualcun altro prima o poi arriverà e risolverà i problemi al posto tuo.

- Se fai di tutto per scappare da te stesso e non ami metterti in gioco.

- Se sei saldamente chiuso nella roccaforte dei tuoi pensieri senza essere disposto a cedere di un passo o a cambiare idea.

Il percorso prevede il tuo impegno. Non pensare che sia io a risolvere i tuoi problemi, non delegare tutto a me.

Sono solo una persona che ha percorso prima di te quel sentiero e che ha deciso di mettersi al lavoro per renderlo più fruibile e percorribile agli altri, affinché possano arrivare fino in cima e godere il panorama: sentire la vita fluire dentro, percepirla in ogni cellula e vivere con gioia ed entusiasmo l'esistenza.

Ciò che apprenderai, scoprirai, lo dovrai però masticare, digerire, metabolizzare tu stesso. Nessuno potrà farlo al tuo posto.

Non scoraggiarti, non sarà poi così difficile, il metodo è strutturato in passi proprio per morderlo meglio: non puoi mangiarti un elefante in un sol boccone!

Cosa la legge di attrazione è

Ora che abbiamo sgombrato il campo dalle macerie e fatto chiarezza, non ci resta che ripartire da zero.
Entriamo nel vivo, sei pronto? Ecco la prima parte, il primo step su cui devi riflettere:

La legge di attrazione è un processo che governa la nostra Mente

Così come la digestione governa il nostro stomaco o la respirazione i nostri polmoni. Punto.
È una legge della natura, agisce su tutti indistintamente ed incessantemente, esiste da sempre e, attenzione, funziona sempre. Quando funziona bene stiamo bene, quando funziona male, stiamo male, esattamente come qualsiasi altro organo o apparato del nostro corpo. Punto.
Non c'è nessun segreto, non c'è nessun mistero. È così straordinariamente semplice.
Se la legge esiste da sempre, non c'è nessun motivo per cui Gesù, Leonardo da Vinci, Mozart, Beethoven, Einstein, non l'abbiano cavalcata in modo consapevole nel compiere, realizzare i loro prodigi.
Il primo a scriverne però sembra sia stato il giurista e filosofo americano William Walker Atkinson nel suo libro "Thought vibration or the Law of Action in the thought world" nel 1906.
In seguito, nel 1912, è stato Charles Haanel membro della American Scientific League, nel libro "The master Key System" ("La chiave suprema") a renderla nota ad un più vasto pubblico.

Andiamo a conoscerla più da vicino con il secondo step, con il quale ne avrai una definizione completa. Nel primo ti ho detto che è una legge che governa la nostra mente, sì, ma in che modo? Come?

Il suo principio fondamentale è questo:

La nostra mente, attira, attrae, materializza nella nostra realtà, eventi, situazioni, persone, oggetti che sono simili, in linea con i nostri pensieri ricorrenti.

Fantastico? Potente? Dirompente? Spaventoso?

Per me è stato a dir poco entusiasmante! È stata una di quelle cose che mi hanno fatto schizzare dalla sedia e dire: "Cosa, cosa? Vuol dire che io, con il mio pensiero sono in grado di attirare tutte quelle cose lì?" Sì, la risposta è sì.

Sei ciò che pensi, diventi ciò che costantemente pensi, rimugini, che ti piaccia a no, nel bene e nel male. Niente accade nella tua vita che non sia già stato pensato da te. A plasmare la tua realtà è il tuo modo di pensare, sono le tue convinzioni. Sei tu l'unico responsabile.

Credi di essere perseguitato dalla sfortuna? Hai ragione. Ripeto: hai ragione. Ma questo non ha nulla a che fare con la superstizione o la malasorte.

Continuerai ad esserlo semplicemente perché la realtà in cui sei immerso, riflette come uno specchio i tuoi pensieri prevalenti, senza alcuna eccezione, senza sconti.

Alla base non c'è la superstizione, ma una diversa concezione: la consapevolezza che si va oltre ciò che siamo stati abituati a vedere e considerare.

Primo tra tutti, la mente, il cervello: non lo dobbiamo intendere solo come organo, materia. È anche spirito, qualcosa di trascendentale. È altro, e questo altro lo dobbiamo indagare scientificamente abbattendo e liberandoci dai pregiudizi della scienza classica.

Dalla mente sgorga ininterrottamente il pensiero, il vero dono, la vera ricchezza della nostra, della tua vita. Il pensiero è tuo e solo tuo: nessuno può entrare nella tua mente e pensare al tuo posto.

Questo è fantastico: solo tu e i tuoi pensieri potete decidere se spalancare le porte alle meraviglie o agli incubi nella tua vita. Si tratta solo di scegliere.

Ecco dunque il terzo punto chiave. È bene che tu ne prenda piena consapevolezza:

Tu responsabile, tu protagonista, tu creatore, tu inventore della tua realtà.

Senza aver compreso a fondo questo concetto, ti avverto, non farai molta strada.

Ecco cosa dice Osho in merito alla propria responsabilità:
"Sei tu, sei sempre tu il fattore decisivo, sei tu che decidi tutto ciò che ti accade. Ricordalo!
La chiave è questa: se ti senti infelice, è una tua scelta. Se non vivi nel modo giusto, è una tua scelta. Se perdi l'occasione è una tua scelta. La responsabilità è completamente tua.
Non avere paura di questa responsabilità. Molti sono terrorizzati da questa responsabilità perché non sono capaci di vedere l'altro lato della medaglia. Sull'altro lato c'è scritto: Libertà."

Tra i benefici che otterrai dalla legge di attrazione, conoscerla è anche e soprattutto, iniziare un percorso di crescita personale, che non potrà non arricchirti spiritualmente. A me è successo esattamente così. E ti assicuro che prima ero ciò che più lontano ci possa essere dalla spiritualità.

Dentro me c'era un arido deserto: figlia di nessuna religione, vedevo l'uomo e me, semplicemente come esseri capitati ad abitare un minuscolo angolo d' universo, per un periodo equivalente ad un batter di ciglia e che ce la saremmo dovuta cavare da soli. Punto.

Noi qui sulla terra e tutto il resto là fuori, separato, lontano, altrove. Null'altro.

Poi un giorno mi capitò tra le mani il primo volume di una serie di libricini: "*Capire la Scienza. La scienza raccontata dagli scienziati*" allegato ad un quotidiano. Avendo due figli liceali, votati, al contrario di me, alla matematica, capii che era giunto il momento di dedicare un piccolo spazio della libreria anche alla fisica, alla scienza, quella con la "S" maiuscola.

Feci così spazio a tutta la serie. Così quei libretti, invece di aiutate i miei figli, aiutarono me a cambiare vita. Furono loro ad aprirmi la porta di un mondo.

Riprendiamo ora a discutere della legge di attrazione e del suo principio fondamentale secondo cui è la nostra, la tua mente ad attirare ogni tipo di evento: i successi come i fallimenti, la miseria come l'abbondanza, la salute come la malattia.

Non temere, non angosciarti, se stai vivendo un brutto periodo o la tua vita non è come vorresti, non sei tu ad essere sbagliato, tu sei perfetto così, sono i tuoi pensieri ad esserlo.

So che stai pensando: "ma IO e i miei pensieri siamo la stessa cosa e se questi sono sbagliati, lo sono anch'io."

Per fortuna non è così. Ci identifichiamo al cento per cento con la nostra mente, mentre dovremo, dovresti provare a staccarti a poco a poco da lei.

Io stessa ho fatto fatica a scindere, a vedermi separata. Mi ha aiutato molto ricorrere a questa metafora.

Ognuno di noi è un essere unico, speciale, divino, un cielo limpido, azzurro. I pensieri sono le nuvole che passano, scorrono, spesso si accumulano, si accavallano, nere, minacciose. Possono essere dieci, cento, mille: sotto c'è sempre un cielo azzurro, le nuvole non lo ingoiano, lo coprono. Ci torneremo nei capitoli successivi. Per ora rifletti su questo: tu sei il cielo, i pensieri sono la tua mente. Per quanto minacciosi essi siano, si possono cambiare e solo tu puoi farlo.

Come fanno i pensieri ad attrarre?

In quei libricini leggevo che gli scienziati nel corso del XX e inizi del XXI secolo, hanno fatto delle scoperte tali che non possono più essere spiegate da nessuno dei modelli scientifici basati sulla fisica classica. L'immagine della realtà, il nostro modo di vedere e leggere il mondo usando la chiave materialistica, è errata.

Leggevo che occorre invece appropriarsi di un nuovo paradigma, di un nuovo modo di vedere ciò che ci circonda, il corpo umano e tutto l'Universo. Ti faccio subito un esempio.

Nel 1987 un fisico, Robert G. Jahn ed una psicologa clinica, Brenda J. Dunne consegnarono al mondo scientifico i risultati della loro decennale sperimentazione eseguiti nel laboratorio Engineering Anomalies Research dell'università di Princeton.

I loro studi danno ragione al principio su cui si fonda la legge di attrazione. I dati in loro possesso, parlavano chiaro: la mente umana può interagire con la realtà materiale.

In modo particolare scoprirono che attraverso la concentrazione mentale, gli essere umani potevano influenzare il funzionamento di certi tipi di macchine.

Nell'attuale paradigma della scienza occidentale, quello newton cartesiano, non c'è nessun modello che possa spiegare quanto hai appena letto.

E non è necessario affidarsi alla fede, al paranormale e tantomeno al destino. Il caso non esiste. Sei tu con i tuoi pensieri l'unico artefice del tuo destino, non ci sono più scuse.

So che ti starai chiedendo: "Se la fisica classica non regge più, a quale scienza devo potermi aggrappare, quale nuove scoperte mi aiuteranno a credere con forza e sicurezza al dirompente quanto sconosciuto potere dei miei pensieri?"

Alla fisica quantistica, alla biofisica, alla biologia molecolare, alle neuroscienze, all'epigenetica, alle nuove frontiere della scienza che uomini illuminati stanno percorrendo.

Nel prossimo capitolo vedremo come si è passati dalla fisica classica ad essa e sbirceremo tra le loro scoperte più straordinarie.

Bene, sei giunto alla fine del primo capitolo. Ora sai che:

La Legge d'Attrazione è un processo che governa la Mente. La mente, attira, attrae, materializza nella realtà di ciascuno di noi, eventi, situazioni, persone, oggetti che sono simili, in linea con i pensieri ricorrenti.

***

Ti riassumo brevemente i concetti e i punti chiave trattati in questo capitolo.

- I tuoi pensieri sono il dono più prezioso, la vera ricchezza della tua vita.

- Sei continuamente immerso e in presenza di un'infinita ed eterna energia dalla quale provengono tutte le cose.

- Tu e solo tu sei responsabile dell'esito della realtà che ti circonda ed hai in mano tutte le potenzialità per trasformarla, migliorarla: devi e puoi scegliere.

Punti Chiave:

1° Riceverai solo ciò che sei pronto a ricevere.

2° Comprendere che tutto è energia, energia che vibra. Una corrente vibrazionale pervade l'intero l'Universo e tutti ne siamo influenzati. Essa è anche dentro di noi e dentro ciascun nostro pensiero.

3° Tu responsabile, tu protagonista, tu creatore, tu inventore della tua realtà.

Prendi tutto il tempo che ti occorre e rifletti su quanto stai iniziando ad apprendere. Se qualcosa che hai letto, qualche concetto ti ha turbato, indispettito, infastidito, è normale, soprattutto se è la prima volta che ne senti parlare.

È un meccanismo di difesa messo in atto dalla mente. Quella degli indios, alla vista delle caravelle di Cristoforo Colombo, fu talmente scioccata nel non aver mai visto nulla di simile, che le ignorò del tutto: gli indios semplicemente non le videro!

Cerca di avvicinarti a quei concetti senza rifiutarli a priori, senza giudizio ma con curiosità. Piano piano la mente li 'mastica' li rielabora, li assimila.

Se invece ti sono sembrati ovvii, scontati, è segno che li hai ben assimilati e sei pronto a proseguire.

In Pratica

Siamo ancora al primo passo e non c'è molto da fare in questa fase se non aprirti e riflettere.

Allontanati dalle sette trappole mentali, allineandoti il più possibile al loro esatto contrario.

✕ **Non seguire i telegiornali** e non farti coinvolgere emotivamente da tutte le disgrazie e brutture del mondo.

✕ **Non esprimere giudizi**

✕ **Non lamentarti**

→**Rallenta** il tuo ritmo di vita.

→ **Rilassati**

→ **Sii concentrato, presente in ogni cosa che fai**

È tutto, ti aspetto nel prossimo capitolo dove faremo un primo salto nella fisica quantistica, scopriremo la sconcertante verità sulla realtà, cosa succede nel nostro cervello quando pensiamo, e molto molto altro ancora.

"Tutta la materia trae origine ed esiste solo in virtù di una forza che fa vibrare le particelle atomiche e tiene insieme quel minuscolo sistema solare che è l'atomo. Dobbiamo presumere che dietro questa forza esista una Mente cosciente e intelligente. Questa Mente è la matrice di tutta la materia"

Max Planck

Capitolo tre

La mente: la tua più grande forza invisibile

In questo capitolo voglio che inizi a prendere confidenza con scoperte scientifiche e teorie che hanno sconvolto le menti degli scienziati di tutto il mondo a partire dai primissimi anni del '900. Una rivoluzione che si sta diffondendo e sta uscendo dai laboratori scientifici per approdare in quelli di medicina, biologia, filosofia. Sta contagiando le menti più progressiste: medici, professori, scienziati, ingegneri, fisici.

Vuoi esserne contagiato anche tu?

È un passaggio necessario per la comprensione e l'efficacia della legge di attrazione. Essa ha bisogno di solide basi su cui appoggiare, in modo tale che non tu, ma la parte della tua mente logica e razionale, accetti in profondità il suo principio e non lo 'legga' solo come una strampalata teoria.

È questo il rischio che corre chi vi si avvicina senza le dovute conoscenze e consapevolezze, perdendo l'occasione di veder cambiare la propria vita.

Non preoccuparti, non ti riempirò la testa di formule e leggi incomprensibili, non ne sarei nemmeno in grado!

Apriremo quelle porte, ci affacceremo, sbirceremo e ruberemo quel tanto che serve a noi, a te, in modo che tu possa creare la vita che hai sempre sognato.

Sei pronto?

Come si è passati dalla fisica classica a quella quantistica?

Attraverso Max Planck, scienziato tedesco, padre della teoria dei quanti nonché Nobel nel 1918. Fu lui ad aprire la strada che le menti più progressiste e libere seguirono con entusiasmo, primo tra tutti, Einstein.

Nel 1900 studiando le radiazioni emesse da un corpo nero, Planck scopre che l'energia si propaga nello spazio in modo discontinuo, non uniforme, ma a salti, in pacchetti di luce che lui chiama *quanti*.

Ammaliato, applica le stesse osservazioni all'atomo e nota lo stesso comportamento: irradia e assorbe quanti di luce. Le sue, per quanto affascinanti, sono però solo teorie, ipotesi.

Poco dopo è Einstein a concretizzare il tutto affermando che la luce è composta da fotoni, infinitesimali corpuscoli di energia.

Spezzettando la materia, l'atomo di cui la stessa è formata, in parti sempre più piccole, infinitesimali, i fisici quantistici videro che all'interno degli elettroni altro non c'è che energia.

Scoprirono che non vi è nulla di compatto, fatto di materia.

L'elettrone non è tangibile, non ha insomma una dimensione, galleggia in massima parte nel vuoto.

Siamo costituiti di particelle luminose, di quanti, o come li definì poi Einstein, di *fotoni*.

Siamo fatti di spazio vuoto con qualche piccolo frammento di materia qua e là.

Siamo fatti della stessa sostanza base di cui tutto l'Universo è permeato.

Ecco le conclusioni al quale Planck è giunto dopo una vita di studi sull'atomo. È lui stesso a trarle nel 1944 durante un discorso tenuto a Firenze:

"Avendo dedicato tutta la mia vita allo studio della materia, posso affermare questo sui risultati sulla mia ricerca sull'atomo: la materia in quanto tale non esiste!

Tutta la materia trae origine ed esiste solo in virtù di una forza che fa vibrare le particelle atomiche e tiene insieme quel minuscolo sistema solare che è l'atomo. Dobbiamo presumere che dietro questa forza esista una Mente cosciente e intelligente. Questa Mente è la matrice di tutta la materia"

Noi dunque non siamo fatti solo di materia, di massa, ma anche di energia.

Ritorniamo e ampliamo uno dei punti chiave che devi far tuo: abituarti a vederti come energia. Siamo e sei fatto anche di luce, vibrazione, energia non statica, ma in eterno movimento, vibrante, come sottolinea Planck. Approfondiamo meglio.

Tutto il cosmo vibra, lo abbiamo già detto. La vibrazione si propaga sotto forma di onda ed ha un'intensità misurata in hertz. Il ritmo vibratorio di un qualsiasi oggetto o corpo, si chiama risonanza.

Un hertz è uguale ad un movimento al secondo. Sotto i 20 hertz il suono delle vibrazioni non sono udibili dall'orecchio umano, siamo nel campo degli ultrasuoni.

Anche molti organi del nostro corpo vibrano: la voce e dunque le parole, il cuore con il suo battito cardiaco, il cervello.

In America, da diversi anni, il centro di Ricerca dell'Istituto Head - Heart, studia la fisiologia delle emozioni nonché le interazioni tra cuore e cervello.

Le loro ricerche hanno dimostrato che l'impulso elettrico proveniente dal cuore è sessanta volte più potente rispetto a quello inviato dal cervello, mentre il campo magnetico di quest'ultimo è cinquemila volte più debole di quello del cuore.

Studi di altri ricercatori hanno inoltre evidenziato come le onde elettromagnetiche del cuore si estendano molto al di là del corpo fisico, si parla addirittura di diversi chilometri!

In ultima analisi, a vibrare è anche il nostro DNA. I biofisici e in particolare gli studi del biologo americano Bruce Lipton, hanno rilevato che i ricettori dell'acido nucleico emettono e assorbono frequenze elettromagnetiche, segnali, messaggi che poi trasmettono alle cellule con un effetto definito a cascata.

I nostri organi interni hanno una frequenza sotto i 20 hertz. Quando la frequenza di uno di essi si modifica, si altera per un periodo prolungato, l'organo si ammala.

I nostri organi nell'insieme danno vita ad una frequenza composta, un'armonia che si espande tutt'attorno al corpo avvolgendolo in un campo che molti chiamano *aura*.

Quando vibriamo in modo armonico, all'unisono con tutto ciò che ci circonda, stiamo bene, godiamo di ottima salute. Quando siamo in sintonia con il cosmo, il cosmo risuona in noi.

In natura l'acqua sotto forma di onde del mare, i fiumi, la pioggia, hanno una forte potenza vibratoria che generano in noi un grande senso di equilibrio psico-fisico, di benessere. Il cosmo ora vibra a 432 hertz.

A questo proposito voglio raccontarti ciò che ho scoperto.

Un tempo la musica era suonata, tarata sulla frequenza dei 432 Hz: Bach, Mozart, Verdi, ne furono i grandi fautori. I violini Stradivari erano progettati, costruiti per essere accordati su quella specifica frequenza. Ora non è più così. Oggi tutta la musica, a livello mondiale viene suonata a 440 Hz.

È stato deciso nel 1953 a Londra, nonostante il dissenso espresso da venticinquemila musicisti dell'epoca. C'è di più.

Il *la* a 440 Hz è stato imposto in Germania da Goebbles, ministro della propaganda nazista, perché alcuni scienziati tedeschi avevano scoperto che quella frequenza causava ansia e aggressività.

Nella nostra epoca i Pink Floyd hanno registrato un intero album a 432 Hz. Musica sulla stessa frequenza è ora disponibile su YouTube e ti consiglio vivamente di ascoltarla quando vuoi rilassarti.

Anche i nostri pensieri emettono delle vibrazioni.

Abbiamo visto che gli organi del nostro corpo emettono vibrazioni. Ora scenderemo più nello specifico e ci concentreremo sul cervello, sulla natura delle sue vibrazioni e, in quanto mente, sulle vibrazioni del pensiero: cominciamo proprio da qui.

Cosa succede nel nostro cervello quando pensiamo?

Il pensiero ha sede nella corteccia cerebrale, la parte esterna del cervello che contiene qualcosa come dieci miliardi di cellule, i neuroni ed ogni neurone dà vita a miliardi di sinapsi, cioè connessioni.

Queste avvengono grazie a delle ramificazioni, i dendriti, che ricevono i messaggi, e agli assoni, dei filamenti che trasmettono gli impulsi elettrici, i messaggi, verso l'esterno della cellula nervosa entrando in contatto con altri neuroni.

Un importante ruolo è poi dato dai neurotrasmettitori, sostanze chimiche che hanno il compito di trasmettere informazioni da un neurone all'altro appena viene emesso il segnale elettrico. Viaggiano e collegano il cervello al resto del corpo.

Quando ti arriva un pensiero, parte un imput, uno stimolo elettrico che raggiunge, ad una velocità che può superare i 400 km orari, l'encefalo.

Questo risponde attraverso il midollo spinale inviando segnali e liberando neurotrasmettitori in tutto il corpo.

Questi ultimi sono sostanze che possono avere un carattere inibitorio, come gli ormoni dello stress, o eccitante, come le endorfine, provocando effetti diretti sull'umore, sui pensieri e a lungo andare sulla personalità.

Riassumendo: quando pensi, cioè sempre, sostanze chimiche vengono liberate dal cervello e diffuse in tutto il corpo.

La qualità dei tuoi pensieri dunque influisce innegabilmente anche sul tuo stato di salute proprio a seguito di reazioni chimiche che essi innescano. Sui loro benefici o malefici, ci torneremo: un discorso che approfondiremo più avanti, nella parte dedicata alle emozioni.

Le onde cerebrali

Il nostro cervello emette delle onde cerebrali distribuite su cinque bande di frequenza, tipi di onde in un continuo movimento. La loro attività vibrazionale è misurabile con l'elettroencefalogramma, l'ECG.

Le onde cerebrali sono state classificate e chiamate con le lettere dell'alfabeto greco: Beta, Alfa, Theta, Delta e Gamma. Sono onde che caratterizzano diversi stati di coscienza, te ne parlerò brevemente.

Lo stato Beta è quando siamo normalmente attivi, è lo stato di veglia, quello cosciente. Le onde hanno una frequenza che varia dai 14 ai 28 Hertz.

Lo stato Alfa è tipico dello stato meditativo, quando siamo rilassati. Siamo in uno stato Alfa quando sogniamo ad occhi aperti o quando siamo nel dormiveglia, ma ancora consapevoli. È un'onda ponte perché ci introduce allo stato Theta.

Le onde hanno una frequenza che varia tra i 7 e i 14 Hertz. L'onda Alfa spesso è definita onda guaritrice. È in questo stato che entrano ad esempio gli operatori della pratica Reiki, una terapia energetica che guarisce con l'imposizione delle mani.

È stato dimostrato scientificamente come gli effetti benefici del Reiki, non siano da attribuire ad un effetto placebo né ad un'autosuggestione del paziente, ma al fatto che durante la pratica l'operatore emette biofotoni cerebrali.

In poche parole, si è visto come vi sia una trasmissione elettromagnetica cerebrale dell'operatore che stimola per biorisonanza l'attività cellulare del paziente.

Operatore e paziente dunque si sincronizzano entrambi in uno stato Alfa, stato in cui le capacità di autoguarigione del corpo sono stimolate al massimo.

Negli anni novanta le ricerche degli scienziati Robert Becker e John Zimmerman hanno poi stabilito che le onde cerebrali non restano confinate nel cervello, ma che per mezzo delle guaine dei tessuti connettivi che rivestono tutti i nervi, raggiungono tutto il corpo, mani comprese, il cui campo bio magnetico aumenta di mille volte.

Interessante no? Così interessante che la pratica Reiki è impiegata in molti ospedali americani e in Italia, nell'ospedale S. Raffaele di Milano e nelle Asur della Toscana e dell'Umbria.

Lo stato Theta, porta dell'inconscio

Lo stato Theta è uno stato di profondo rilassamento, caratterizza la fase REM del sonno, quella in cui sogniamo. Viene usato in ipnosi ed è uno stato in cui si registra un livello basso di coscienza e durante il quale si può accedere al subconscio, di solito inaccessibile alla mente conscia.

I pensieri che la mente produce o riceve in questo stato, sono molto potenti, in grado di cambiare comportamenti come pure di ordinare al nostro organismo di auto guarirsi.

Esiste a tal proposito una tecnica olistica chiamata Theta-Healing che si sta diffondendo in tutto il mondo e che attua guarigioni fisiche, psichiche e spirituali, entrando, attraverso un processo meditativo, in uno stato Theta. Le onde hanno una frequenza che varia dai 4 ai 7 Hertz.

Lo stato Delta è lo stato del sonno profondo e le cui onde hanno la frequenza più bassa che varia da 0 a 4 Hertz.

Lo stato Gamma infine è lo stato che usiamo quando processiamo un'informazione, quando studiamo, quando si verifica una particolare intensità dell'attività cerebrale. Le onde variano da 30 a 42 Hertz.

Ti ho voluto parlare delle onde cerebrali non per annoiarti, ma per rafforzare il concetto, che, anche se non possiamo vederlo, tutto vibra, cervello compreso, e che non lo fa per magia!

Le vibrazioni energetiche emesse non solo dal nostro cervello, ma da tutto il nostro corpo sono materia di studio anche della medicina quantistica.

Ciò che non vediamo lo rileviamo. I macchinari al servizio dell'energia umana

In questo campo è stato messo a punto dagli ingegneri russi, uno strumento a dir poco rivoluzionario. Si tratta del Physioscan un apparecchio usato dai medici per monitorare la salute degli astronauti nello spazio che si basa su parametri energetici.

Si è scoperto infatti che questi ultimi rimangono invariati anche in assenza di gravità, mentre quelli biologici saltano, sono del tutto diversi.

Gli scienziati russi hanno così ripiegato sui parametri energetici di ogni organo e studiando la Medicina Tradizionale Cinese, quella Ayurvedica indiana, e approfittando delle nuove scoperte scientifiche della fisica quantistica, hanno messo a punto il Physioscan che analizza e decodifica l'energia degli organi del corpo umano.

Studiando si sono accorti che una cellula sana vibra ad una frequenza diversa rispetto ad una malata. Lo strumento non solo individua e legge tali frequenze, ma è in grado di "bombardare" le cellule dell'organo sofferente, inviando loro le frequenze giuste, esatte, riprogrammandole in modo corretto. Ma non è il solo.

In America, in Israele ed ancora in Russia, sono impiegate, in ambito governativo militare, delle speciali telecamere dotate di un software particolare in grado di rilevare il variare dei livelli energetici vibrazionali degli individui al variare dei loro stati mentali, in diretta corrispondenza con una scala cromatica precedentemente calibrata. Il software analizza lo spettro delle vibrazioni da 0 a 10 hertz.

Qual è la tua più grande fonte di energia?

Ti sarà ormai chiaro che noi siamo anche una fonte di energia. Dobbiamo fare uno sforzo e superare il concetto secondo cui esiste solo ciò che di noi è visibile: corpo fatto di massa muscolare, ossa, e così via.

Siamo composti anche di elementi non visibili, o almeno fino a poco tempo fa. Ora abbiamo sviluppato una tecnologia tale che ci permette di indagare anche l'invisibile: quelle vibrazioni, quelle frequenze troppo sottili per essere percepite con i cinque sensi, ma che pure esistono.

Come in natura le forze più grandi, luce e calore, non sono tangibili, lo stesso vale per noi.

Siamo fatti anche di energia e la nostra più grande forza invisibile, è il pensiero, la mente.

Come si diffonde il pensiero

Proseguendo nelle ricerche, Max Planck scopre che ogni massa, ogni corpo non emana la stessa quantità di energia; essa varia in rapporto alla frequenza.

Due particelle uguali, ma che vibrano su diverse frequenze, producono energia di diverso tipo.

Anche la vibrazione dei pensieri si trasmette sotto forma di onda.

Ora per far in modo che tu possa comprendere al meglio questo concetto di onda vibrazionale, di cui tutto il cosmo è permeato, voglio farti un esempio più pratico, una similitudine.

Il diapason funziona allo stesso modo. È quell'oggetto metallico a forma di forcella usato in acustica per accordare gli strumenti musicali.

Se viene percosso crea una nota di una certa frequenza che oscilla, vibra. Vi sono vari tipi di diapason che emettono frequenze che vanno da 10 a 25.000 Hz. Quelli usati normalmente in campo musicale sono in *la* ed hanno una frequenza, come ti ho già detto, di 440 Hz.

Se schiacciamo poi il tasto del *la* di un pianoforte, la frequenza di questo suono inizia a vibrare, ad entrare in risonanza con le vibrazioni del diapason.

In altre parole si attirano perché uguali, simili, si accordano, appunto e lo fanno solo con ciò che vibra alla stessa frequenza, e con nessun' altra.

Non solo. Inizia a vibrare anche tutto ciò che è multiplo e sottomultiplo di quella frequenza originaria, secondo ciò che afferma il *principio degli armonici*.

Ogni onda porta con sé un suono

È interessante sapere che i principi del suono legati al movimento dei corpi celesti, sono studiati da sempre. Se ne occupò Pitagora ed anche Galileo.

Ora senza entrare troppo nel merito, vorrei aggiungere che di recente, grazie ad una tecnologia sempre più sofisticata, gli scienziati sono riusciti finalmente a captare e registrare il suono, il rumore dell'Universo, il suo respiro.

Questo grazie ai dati recuperati dalla sonda Planck dell'agenzia Spaziale Europea che ha registrato le radiazioni elettromagnetiche primordiali cosmiche, liberatesi nell'universo 376.000 anni dopo il Big Bang.

Lo scienziato americano John G. Cramer, elaborò con un software per audio riproduzioni, le onde del cosmo che erano infinitamente basse per essere udibili dall'orecchio umano, le potenziò aumentandone la frequenza fino ad ottenere un suono simile ad un Jet in volo.

Lo potete ascoltare, per i più curiosi, su YouTube, anzi, andate a farlo! Vi aspetto!

Un 'ultima cosa vorrei precisare: le frequenze del cosmo essendo così basse, hanno di contro una lunghezza d'onda immensa in grado di espandersi all'infinito.

E poi ancora: in India ed in Tibet il suono sacro, la vibrazione che entra in risonanza con l'universo è l'*OM* il loro mantra.

Di mantra e dei loro potenti effetti, parleremo diffusamente nell'ultima parte del libro: sono degli ottimi alleati della legge di attrazione.

***

Ricapitoliamo

Ecco i concetti con i quali dovrai familiarizzare in questo capitolo.

- Anche il nostro corpo, cervello e pensieri compresi, emettono continuamente vibrazioni ad una certa frequenza che interagiscono con le vibrazioni emesse dall'ambiente circostante, che a sua volta interagiscono con tutto l'Universo, con tutto il creato.

- A seconda della natura dei pensieri, come dei tanti diapason, ci sintonizziamo su certe frequenze, attraiamo a noi quelle simili e allontaniamo quelle dissimili.

Ecco come si comporta, il meccanismo della legge d'attrazione. Ancora una volta non si tratta di magia e non vi è nulla di misterioso. Si tratta solo di comprendere divenendo consapevoli, le affascinanti leggi della Natura e dell'Universo di cui facciamo parte in un unico indivisibile.

Se sei d'accordo con quanto letto in questo modulo, sei pronto a continuare il viaggio. Se senti che la tua mente pone resistenza a qualche concetto, leggi, rileggi, rifletti. Non giudicare e mantieniti aperto, accogli le informazioni, lascia che mettano radici, non porti nell'ottica del rifiuto a priori.

Prenditi il tempo necessario, e soprattutto divertiti, sii entusiasta di quello che scopri, meravigliati, sorprenditi, torna ad essere un po' bambino!

L'Universo è un immenso campo di energie che vibrano a diverse frequenze. Quando siamo in sintonia con il cosmo, il cosmo risuona in noi.

Ti lascio con una citazione di Albert Einstein. John Cramer nel decifrare il suono del cosmo ha indirettamente confermato una sua intuizione:

"L'universo e tutto ciò che contiene sono l'espressione di un campo di energia pura aperto all'infinito in tutte le direzioni: il campo quantico. Dobbiamo quindi intendere la materia come una particolare vibrazione del campo, una vibrazione che, se potesse essere percepita, lo sarebbe come una sequenza sonora. In altre parole, il campo è la realtà prima e tutto ciò che percepiamo come reale è di fatto soltanto la modalità vibratoria del campo."

In pratica

Siamo ancora al primo passo e non c'è molto da fare in questa fase se non aprirti e riflettere.

Allontanati dalle sette trappole mentali, allineandoti il più possibile al loro esatto contrario.

✕ **Continua a non seguire i telegiornali** e non farti coinvolgere emotivamente da tutte le disgrazie e brutture del mondo

✕ **Non esprimere giudizi**

✕ **Non lamentarti**

→**Rallenta** il tuo ritmo di vita

→ **Rilassati**

→ **Sii concentrato**, presente in ogni cosa che fai

È tutto, ti aspetto nel prossimo capitolo dove scoprirai le tre rivoluzionarie teorie scientifiche che hanno rivoluzionato il pensiero umano.

"Ci siamo imbattuti in un'area dell'universo
che il nostro cervello semplicemente non è
equipaggiato per capire."

James Trefil

Capitolo quattro

Le tre sconcertanti teorie che stanno rivoluzionando il pensiero umano

Albert Einstein afferma che tutto ciò che contiene l'Universo è formato da energia pura che si espande all'infinito in tutte le direzioni.

Siamo fatti di quanti, corpuscoli infinitesimali di luce, energia, in perenne movimento ed immersi in una rete di forze invisibili come il ragno nella sua ragnatela, una rete che gli scienziati chiamano *campo quantico*.

In questo capitolo insisterò su come tu, io, il tuo cane, la sedia su cui sei seduto, l'albero che vedi fuori della finestra, siamo e facciamo parte di un complesso sistema di forze energetiche che ci connette tutti nell'Universo, proprio come una immensa ragnatela invisibile.

Scoprirai anche tu le sconcertanti rivoluzionarie teorie scientifiche del secolo scorso che non solo danno sostegno al principio della legge di attrazione, ma che hanno rivoluzionato il pensiero umano.

Sei curioso? Mettiti comodo e iniziamo subito!

1. Il bosone di Higgs dà forma a tutte le cose

Gli scienziati che vengono dopo Planck, quelli più coraggiosi come il fisico Peter Higgs, iniziano a manifestare le loro perplessità sulla inesistenza della materia.

"Un momento", riflettono, "se è vero che siamo vuoti, fatti di pura energia, cos'è allora che ci rende solidi, compatti? Perché le nostre particelle elementari non schizzano via alla velocità della luce? ".

Higgs nel 1964 ipotizza, fa finta che in ogni corpo lo spazio vuoto in realtà non sia tutto vuoto, ma sia tenuto insieme da una particella elementare, non composta cioè da altre più piccole, ma lei stessa infinitesimale, unica, indivisibile.

Questa, secondo il fisico, anche se non ancora individuata, c'è, esiste e si comporta come un collante, tiene insieme la materia, la massa. La chiama *bosone* e i suoi colleghi la battezzano *bosone di Higgs*.

Gli scienziati gli credono e non smettono mai di cercarlo. Dopo anni ed anni di ricerche e esperimenti, finalmente il bosone è osservato per la prima volta nel 2012 negli acceleratori di particelle al CERN di Ginevra. Ne viene data poi conferma a tutto il mondo in una conferenza il 6 marzo 2013. Nello stesso anno Higgs si guadagna il Nobel per la fisica.

È dunque quel bosone che dà una forma e tiene insieme, lega tutto ciò che è ai nostri occhi visibile. È lui che fa esistere tutte le altre particelle e dà loro, nel momento in cui entrano in contatto con lui, più o meno consistenza.

Il bosone rallenta le particelle che quando vengono in contatto con lui, rallentano la loro folle corsa e rallentando convertono la propria energia in massa. La consistenza, la massa di un corpo, di un oggetto qualsiasi è energia rallentata.

E se è vero e assodato che la materia, come ha puntualizzato Einstein nella sua celeberrima formula, è energia velocizzata, è vero anche l'inverso: l'energia, condensandosi, diventa materia. Geniale no?

È un concetto base, fondamentale per comprendere la legge di attrazione.

Ora fai un salto ancora.

Anche noi esseri umani siamo fatti di energia ed emettiamo vibrazioni elettromagnetiche dal cervello, dal cuore, dai pensieri. Questi non rimangono nella testa, si diffondono nel campo.

È allora compito e responsabilità di ognuno di noi farli vibrare in modo ottimale per mettere in moto l'energia necessaria ad attrarre, plasmare la realtà che abbiamo sempre desiderato.

Non è fantastico tutto questo? Come si fa lo scopriremo e nel passo n. 3. Ora abbi pazienza, ti aspetta un'altra rivoluzionaria teoria.

2. Heisenberg e la sua sconcertante e scomoda verità

Il secolo scorso è stato un secolo che ha dato filo da torcere ai fisici. Quando sembrava che Maxwell avesse messo d'accordo tutti dimostrando che la luce era un'onda, ecco Planck e Einstein affermare il contrario: la luce è fatta di corpuscoli di energia, di particelle. Ricomincia il balletto: onda o energia?

Pongono fine al dibattito, nel 1927, i lavori dei fisici Bohr e Heisenberg accontentando tutti.

Le particelle di elettroni hanno una doppia natura: a volte sono onde invisibili, a volte particelle, corpuscoli visibili. Tale dualismo è un principio cardine, un pilastro della fisica quantistica, ma anche una scomodissima verità.

Ci si chiede: "Com'è possibile che questo accada?". È ovvio che gli scienziati non si accontentano e vogliono vederci chiaro. Questa volta è Heisenberg a formulare una teoria.

Essa è definita *una delle più sconcertanti rivoluzioni del pensiero umano* ed è conosciuta con il nome di *principio di indeterminazione di Heisenberg*. Il succo è:

Quando non la si osserva, la particella si comporta come un'onda, quando invece viene osservata, ecco che diventa corpuscolo di materia.

Si è visto che essa scompare e ricompare in un qualsiasi punto dello spazio ed è impossibile prevedere e tracciarne una traiettoria lineare. Si muove libera e a salti, non vi è più nulla di determinato a priori, tutto è possibile.

Vi è una variabile nascosta che il matematico John von Newman che ha interpretato i risultati degli esperimenti fatti, ha identificato con la coscienza umana.

In altre parole è il fisico, colui che esegue l'esperimento, con la sua coscienza che influenza il risultato e sceglie mentre osserva. Ciò significa che l'osservatore ha un ruolo attivo, determinante, nello stabilire gli effetti di un esperimento. L'atto stesso di osservare cambia la natura delle particelle subatomiche.

I fisici ci spiegano e dimostrano che, quando si mettono ad osservare, lì per lì non vedono nulla, tutto è onda, ma non appena si focalizzano su un punto qualsiasi dello spazio, ecco che la funzione d'onda *collassa* dicono, ed appare dal nulla, dal vuoto, la particella sotto forma di corpuscolo.

Non ti sembra straordinario? Hai pensato a cosa significa tutto questo?

Tutta la materia che ci circonda è composta di atomi e particelle subatomiche e per assurdo possiamo far apparire qualsiasi cosa su cui ci focalizziamo. È un principio che ti sarà capitato diverse volte di sperimentare. Ti faccio un esempio classico.

Hai deciso di sostituire la vecchia auto con una nuova. Decidi il modello, il colore, il concessionario a cui rivolgerti. Per un po' ti focalizzi, ti concentri su quell'esatta tipologia di auto, ed ecco che inizi ad incrociare per le strade decine di macchine identiche a quella scelta da te, è un'invasione!

Fuori dai laboratori, come può avere senso tutto questo nella tua vita quotidiana, che insegnamento puoi trarne?

Quando osservi scegli, sei tu che crei. Prima di quel momento tutto è possibile.

Nella vita di tutti i giorni cerca di ricordarti che l'Universo ogni volta ti offre infinite possibilità. Sei tu che focalizzandoti su ciò che vuoi che sia, plasmi le forze, l'energia *collassa* e crei la realtà. Come? Attraverso un uso consapevole dei pensieri, ma di questo avrò modo di parlartene.

3. Niels Bohr e la teoria che mette d'accordo tuti

La doppia natura delle particelle ora è accettata come *teoria della complementarietà* definita dal fisico danese Niels Bohr nel 1927.

In pratica lui concluse che le particelle di cui è fatta la materia hanno sì una natura ondulatoria, sono onde invisibili, ma quando esse vengono osservate appaiono sotto forma di corpuscoli, particelle e compaiono là dove l'osservatore, lo scienziato si focalizza. Questi due aspetti sono in definitiva complementari ed uno esclude l'altro: o è onda o è particella, non possono essere entrambe le cose contemporaneamente.

Spero non ti sia venuto il mal di testa nel seguire queste tre teorie! In ogni caso è normale: sono teorie che hanno scardinato tutto ciò che da tre secoli si conosceva della realtà.

Cartesio, Bacone, Newton, credevano che compito dell'uomo era dominare la Natura, un passo fuori da essa. Si ponevano come osservatori esterni, entità separate. Ora sappiamo che il mondo va visto da dentro, come un insieme di energie che interagiscono.

"Siamo allo stesso tempo spettatori ed attori del mondo", afferma Niels Bohr. Siamo Uno, un'unica cosa. Non siamo affatto soli.

Torniamo al concetto principale su cui si basa questo primo passo:

I tuoi, i miei, i nostri pensieri hanno un potere, una forza creatrice enorme.

Questo è possibile in quanto siamo tutti immersi in un unico campo e collegati da una rete invisibile di energia vibrante.

L'effetto farfalla

I meteorologi sanno che il battito d'ali di una farfalla in Brasile, potrebbe provocare un uragano in Texas.

Questo è noto come *effetto farfalla* ed il primo a parlarne fu il meteorologo nonché padre della teoria del caos, Edward Lorenz nel 1972 durante il convegno annuale dell'American Association for the Advancement of Science.

I pensieri, come tanti battiti di ali di farfalle, sono dei piccoli tsunami, vibrano nell'Universo e si sintonizzano su frequenze simili, facendo da risonanza ad eventi, situazioni, coincidenze della stessa natura. Sei tu il creatore che dà vita ad una realtà in linea con i tuoi pensieri ricorrenti.

Sono concetti che non ti sono sufficienti leggerli per far funzionare la legge di attrazione, ma che dovrai interiorizzare completamente e permettere che mettano radici nella parte più profonda e intima di te.

So che forse tutto questo ti può sembrare strano e che potresti avere ancora delle perplessità, o resistenze. Per questo motivo insisto ancora, affinché tu lo possa accettare il più razionalmente possibile e possa crederci ancora più in profondità.

Lo farò nel prossimo capitolo, portandoti tre esempi concreti, tre casi studio ampiamente documentati e piuttosto famosi che dimostrano scientificamente come i pensieri influenzino potentemente la realtà che ci circonda.

Nel frattempo ti riassumo i concetti su cui meditare.

- È stata scoperta una particella, il bosone di Higgs, che si comporta come un collante, tiene insieme la materia, la massa e tutto ciò che è visibile ai nostri occhi.
- La scienza ha dimostrato che quando osservi, ti focalizzi, scegli, sei tu che crei. Prima di quel momento tutto è possibile.

- Il mondo va visto da dentro, come un insieme di energie che interagiscono.
- Siamo Uno, un'unica cosa. Non siamo affatto soli.

In pratica

Come sai siamo ancora al primo passo e non c'è molto da fare in questa fase se non aprirti, accogliere queste teorie, fare spazio dentro te e farle sedimentare.

Cerca sempre di allontanarti dai sette atteggiamenti killer allineandoti il più possibile al loro esatto contrario.

✕ Continua a non seguire i telegiornali e non farti coinvolgere emotivamente da tutte le disgrazie e brutture del mondo.

✕ Non esprimere giudizi

✕ Non lamentarti

→ Rallenta il tuo ritmo di vita

→ Rilassati

→ Sii concentrato, presente in ogni cosa che fai

"A volte abbiamo la tendenza di vederci
come la forma di vita più' evoluta sul pianeta.
Siamo molto bravi nell' uso dell'intelletto.
Questa può però non essere la scala sulla
quale dare giudizi."

Cleve Backster

Capitolo cinque

Possono le piante, l'acqua e la mente collettiva rispondere ai nostri pensieri e intenzioni? Tre casi studio

Stai percorrendo il primo passo, quello della CONOSCENZA, un viaggio nella sfera del pensiero per scoprire perché è il dono più prezioso che ti è stato concesso. L'unica verità che se compresa fino in fondo, ti regalerà la vita che hai sempre sognato.

È venuto il momento di ancorare ciò che hai scoperto fino ad ora con degli esempi concreti.

In questo modulo scenderemo nell'arena: analizzeremo tre casi studio che dimostrano concretamente come i pensieri influenzino la realtà che ci circonda. Ecco cosa scoprirai.

1. Le piante ascoltano e reagiscono ai pensieri distruttivi. Parola della macchina della verità.

2. Come l'acqua ci ascolta e risponde.

3. Quando meditare abbassa il tasso di criminalità di un'intera comunità.

1. Cleve Backster, l'uomo che spaventava le piante con il pensiero

Quando molti anni fa ascoltai per la prima volta la storia di Cleve Backster e della sua dracena, ne rimasi molto colpita. Ecco in sintesi ciò che gli è accaduto.

Cleve è un ex funzionario della CIA che nel 1966, anno in cui si riferisce l'accaduto, si occupava di addestrare il personale di polizia all'utilizzo del poligrafo, meglio noto come macchina della verità.

Un giorno era nel suo ufficio di Manhattan e mentre stava annaffiando la dracena, tipica pianta da appartamento, gli venne in mente di rilevare con il poligrafo, il grado di umidità presente nelle foglie dopo essere state appena bagnate. Non ottenne però il risultato sperato, ma solo una risposta blanda.

Poi pensò che dato che il poligrafo rileva sugli uomini le variazioni della conducibilità elettrica della pelle in presenza di situazioni di pericolo, decise di fare altrettanto con la sua pianta. Ecco cosa lui stesso affermò successivamente:

"... cercai allora di fare qualcosa per minacciare la pianta. Immersi una delle sue foglie in una tazza di caffè: non avvenne niente. Tentai con la musica: nessuna reazione. Infine pensai: proverò a bruciarla. Fu soltanto un pensiero, ma il pennino del poligrafo schizzò verso l'alto. Presi un paio di fiammiferi accesi e mi avvicinai due volte alla pianta; entrambe le volte il poligrafo denunciò che la pianta era in preda a grande agitazione".

Da quel giorno Cleve Backster dedicò gran parte della sua vita a ripetere, condurre innumerevoli esperimenti e a diffondere ciò che ha dedotto:

Le piante hanno una percezione primaria tale da apportare, scatenare modifiche a livello cellulare e non solo.

Vorrei farti riflettere su una sua frase: *"fu soltanto un pensiero"*.

La pianta reagì ad un pensiero, ad una pura intenzione. Lui, solo successivamente si avvicinò con il fiammifero. Gli bastò pensare o meglio avere intenzione di volerla bruciare. Un'intenzione, un pensiero, una vibrazione che la pianta ha immediatamente percepito e reagito di conseguenza.

Non è meraviglioso e sconvolgente allo stesso tempo?

Cleve poi rilevò altre paure della pianta, alcune in modo involontario. Un giorno gettò l'acqua bollente del bollitore nel lavandino e quando tornò nella stanza, si accorse dal poligrafo che la pianta aveva avuto una decisa reazione di paura.

La pianta aveva reagito alla morte dei batteri e microbi presenti nel tubo di scarico!

Cleve Backster, profondamente colpito da ciò a cui stava assistendo, allargò il campo di indagine e sottopose negli anni successivi a test: batteri, yogurt, foglie di lattuga, uova, cellule umane. Ecco cosa fece con dello yogurt.

Ne preparò due campioni e li collegò agli elettrodi. Quando ne 'uccise' uno, aggiungendovi dell'antibiotico, l'altro ebbe una forte reazione di terrore. Cosa significa tutto questo? Non ti fa agitare sulla sedia?

Ecco la risposta di Backster a chi durante un'intervista gli pose la stessa domanda:

"Sì, fanno barcollare. Abbiamo due tipi differenti di batteri molto sincronizzati fra loro. Abbiamo piante che rispondono al nostro intento. Abbiamo piante che rispondono alla morte di altre creature. Tutto il mio lavoro, che consiste in cassetti pieni di dati altamente validi, ha mostrato che creature come piante, batteri e altre, sono tutte fantasticamente sintonizzate tra loro."

Questa è una grande conferma del fatto che tutto intorno a noi vibra in un'unica indivisibile e invisibile rete e che attraverso la vibrazione viaggia anche l'informazione. Un'informazione che abbiamo visto essere percepita e letta, interpretata anche da piante e batteri.

Ora tu ti chiederai, come me lo sono chiesta anch'io: "Come è possibile se non hanno un organo chiamato cervello? E dunque una coscienza?".

La risposta è semplice e studi recenti iniziano a confermarla: la coscienza non ha sede nel cervello. Dove sia e cosa sia è ancora un mistero, ma non è nel cervello.

Sembra essere presente a livello cellulare. Ogni cellula è dotata di intelligenza propria, di vita propria. Ogni cellula respira, si riproduce, si nutre, espelle le sostanze di rifiuto, vive e capta attraverso i suoi recettori, molto più di quanto si possa credere.

Il secondo caso studio che sto per proporti, mi lasciò ancora più stupita del primo, in fin dei conti si stava parlando pur sempre di esseri o forme viventi.

Fui ancora più meravigliata nello scoprire che a reagire ai nostri pensieri è qualcosa che non ha nulla di vivente: l'acqua. Fu dopo questa scoperta che ogni mio appiglio, crollò.

2. Masaru Emoto. Ecco come l'acqua ci ascolta e risponde

Questa seconda storia è molto più famosa della precedente. Si tratta questa volta dello scienziato giapponese Masaru Emoto e dei suoi esperimenti sui cristalli di acqua ghiacciata. Egli scoprì come la musica, le parole e anche le immagini con le loro vibrazioni, variassero notevolmente la struttura dei cristalli d'acqua.

A fronte di parole tipo: *Amore, Grazie,* che lui scriveva su delle etichette che poi applicava sulle ampolle, scoprì che l'acqua, una volta ghiacciata, formava dei cristalli bellissimi. A parole come *Odio, Hitler,* i cristalli reagivano creando delle forme brutte, affatto armoniose.

Ciò avviene perché alla parola, che scaturisce da un pensiero, corrispondono delle vibrazioni e delle frequenze che veicolano l'informazione, creando, modellando le molecole d'acqua.

L'acqua è come se ascoltasse. Memorizza le vibrazioni estremamente sottili dei pensieri e delle emozioni ed è come se rispondesse nel linguaggio figurativo dei suoi cristalli.

L'acqua è un ottimo conduttore di informazioni vibrazionali

Per misurare le vibrazioni energetiche così sottili, in Giappone l'unità di misura usata è l'Hado che significa *"cresta dell'onda"* e vengono rilevate con il M.R.A Magnetic Resonance Analyzer.

Masaru Emoto non è rimasto chiuso nei laboratori con le sue ampolle d'acqua, ma ha applicato ciò che aveva scoperto, fuori, nella realtà.

Ha radunato trecento persone in preghiera sulle sponde del lago giapponese Biwa, un lago molto inquinato e infestato da un'alga che emanava cattivo odore facendo scappare i turisti. Dopo la preghiera che consisteva nell'inviare al lago parole e pensieri di amore e gratitudine, la quantità delle alghe è diminuita notevolmente tra il sollievo e la sorpresa degli abitanti del luogo. Ecco all'opera la forza, il potere dell'energia scaturita dalle vibrazioni dei pensieri. Un'energia che modifica, cambia, crea, modella la realtà. Ora vorrei che ti fermassi a riflettere.

Il nostro splendido pianeta è composto dal 70% di acqua: mari, oceani, fiumi. Il nostro corpo è composto da una sostanziosa percentuale di acqua. Ogni nostra cellula contiene citoplasma, sostanza gelatinosa ricca di acqua.

Se le vibrazioni di pensieri e parole d'amore di trecento persone hanno guarito un lago, non ti viene da chiederti cosa potremmo fare per il nostro pianeta? Meraviglie. E per noi stessi? Per il nostro corpo, per la nostra salute? Di nuovo, Meraviglie.

L'acqua con le sue frequenze modifica la nostra biochimica. Se l'acqua di cui siamo composti raccoglie e veicola informazioni, è tutto molto semplice: inviamo alle nostre cellule la corretta informazione e avremo meno bisogno di ricorrere a medicinali.

Proprio ora mentre scrivo, mi è venuto in mente un esempio concreto, in merito all'effetto delle vibrazioni dei pensieri, che mi ha coinvolto in prima persona. Te lo racconto brevemente.

Era una mattina di marzo ed ero in attesa del secondo figlio. Mancavano quindici giorni allo scadere dei nove mesi. Stavo benissimo anche se ero un po' preoccupata. Bighellonavo in un grande magazzino, indecisa se rientrare poi subito a casa o passare in ospedale per un ulteriore controllo. Per tenere a bada la mia coscienza, optai per la seconda soluzione.

Mezz'ora dopo, mentre ero in sala d'attesa, incrociai la dottoressa che mi chiese come andasse. Le dissi che stavo bene, ma che ero preoccupata. Lei volle visitarmi e scoprì che il parto era imminente. Mise allora in moto il personale nonostante le mie proteste.

Le spiegavo che non avevo nessuna voglia di partorire, che stavo bene, non avevo nessun dolore, e che sarei tornata non appena avrei accusato le prime doglie. Non ci fu nulla da fare. Non mi lasciò andare via e in capo ad una decina di minuti mi ritrovai in sala monitoraggio, stesa su un letto, con gli elettrodi sulla pancia, mentre continuavo a ripetere che era inutile monitorare contrazioni che non c'erano, che si stava facendo tardi, che sarei dovuta andare a riprendere l'altra figlia all'asilo.

Beh non ci crederete come non ci credevo io: durante il monitoraggio, cioè dopo dieci minuti nemmeno, sono comparsi i dolori e in quattro e quattr'otto ho dato alla luce il mio secondo figlio.

Il fatto che le contrazioni fossero comparse con il loro carico di dolore, proprio in quel frangente, a comando, mi ha sempre meravigliata. Ora so che era esattamente ciò che pensavano e si aspettavano succedesse, le persone che mi ronzavano attorno in fibrillazione e in ultimo anche la mia mente, focalizzata su quel dolore che non c'era, non ha fatto altro che materializzarlo.

Con il racconto di questo aneddoto, ti voglio far fare un passo in più. Abbiamo lasciato le reazioni delle piante o dell'acqua per scoprire come il pensiero possa influenzare noi e la nostra realtà, le nostre circostanze.

Se sei convinto che il mio esempio si sia trattato solo di una coincidenza, il prossimo caso studio ti toglierà anche questo appiglio. Sei pronto?

3. Quando meditare migliora la vita di un'intera comunità.

È il 7 giugno 1993 e fino al 30 luglio, quarantamila persone si raccolgono a meditare a Washington D.C. sotto la guida del mistico indiano, lo Yogi Maharishi Mahesh. L'intento è quello di veder diminuire il tasso di criminalità e di dimostrare scientificamente ciò che il filosofo indiano, laureato in fisica, ha supposto fin dal 1960.

La meditazione trascendentale di massa ha il potere di influenzare e modificare la coscienza collettiva.

Se solo l'1% della popolazione avesse praticato la meditazione, affermava il guru, si sarebbero verificati sostanziali miglioramenti nella vita di tutta la collettività.

I primi esperimenti effettuati a partire dal 1976, confermano, dati alla mano, cioè con statistiche disponibili dal 1987, che il tasso di criminalità della zona in cui si medita, diminuisce durante la meditazione del 16%.

Negli anni a seguire Maharishi Mahesh e la sua Meditazione Trascendentale, conquistarono fama a livello mondiale e i suoi esperimenti furono seguiti, monitorati, da rigorose commissioni scientifiche composte da criminologi, psicologi e studiosi di varie università americane.

Ritorniamo all'estate del 1993, quando Maharishi vuole dimostrare come si possa ricavare con la meditazione, un modello universale e replicabile ovunque.

Dall'esperimento di massa, emerge che i crimini violenti quali omicidi, stupri, gli incidenti, i ricoveri ospedalieri, diminuiscono nel distretto di Washington D.C. nel periodo preso in esame, del

23% e che se la meditazione fosse proseguita ad oltranza, si sarebbe potuti arrivare ad una percentuale pari al 48%.

Successivamente gli scienziati stabilirono inoltre che era sufficiente che meditasse la radice quadrata dell'1% della popolazione per influenzare positivamente tutta la comunità. Ciò significa che occorrono solo duecento persone per creare effetti su una metropoli di quattro milioni di abitanti. Rapportato nella vita di tutti i giorni,

se io medito, altre 100 persone attorno a me ne sentiranno il beneficio.

È scientificamente provato. Da più di venti anni. Non è fantastico? Non ti fa schizzare dalla sedia tutto questo?

A me riempì il cuore di gioia, di speranza, di ottimismo e soprattutto mi regalò una cosa di grande valore: una maggiore consapevolezza.

Giunti a questo punto mi auguro, anzi, sono convinta che anche tu avrai preso coscienza dello straordinario potenziale racchiuso nella tua mente e nei tuoi pensieri. Avrai appreso un altro grande punto chiave, il quarto:

È tutta una questione di mente

La tua vita passata, il tuo presente, il tuo futuro, il tuo destino: è tutto racchiuso solo nella tua mente. Non c'è altro lì fuori che possa decidere o scegliere al tuo posto. Ecco, infine, un ultimo tassello a sostegno di questo punto chiave.

Negli ultimi anni, ricercatori hanno portato a termine un interessante studio. Sono state passate al setaccio le vite di decine e decine di uomini al mondo che hanno ottenuto grandi, enormi successi.

Si è scoperto che non è questione né di intelligenza, né di estrazione sociale, né di fortuna, né di sfortuna, né di congiuntura storica, né di forze o momenti economici particolari. Nulla di tutto questo. Si è visto che l'unica qualità che li accomunava tutti e li differenziava dagli altri, era il loro modo di pensare.

Bene! Sei giunto alla fine del capitolo. Ricapitoliamo brevemente i concetti trattati.

- Le piante hanno una percezione primaria tale da apportare, scatenare modifiche a livello cellulare.

- Abbiamo piante che rispondono al nostro intento e piante che rispondono alla morte di altre creature.

- L'acqua è come se ascoltasse, memorizza le vibrazioni estremamente sottili dei pensieri e delle emozioni ed è come se rispondesse nel linguaggio figurativo dei suoi cristalli.

- La meditazione trascendentale di massa ha il potere di influenzare e modificare la coscienza collettiva.

- Se io medito, altre 100 persone attorno a me ne sentiranno il beneficio.

4° punto chiave

È tutta una questione di mente

Rafforzeremo questo concetto nel prossimo capitolo, dove ti parlerò dei due emisferi di cui è composto il nostro cervello.

In pratica

Ecco cosa puoi subito fare.

x Abituati ad eliminare frasi del tipo:

" oggi sono a pezzi"

" non mi sento affatto bene"

" mi sento proprio decrepito"

"mi faccio schifo"

"mi sento un disastro"

"Non ce la farò mai"

"Ci provo"

"Impossibile"

→ Usa, informa le tue cellule con frasi tipo:

" mi sento in ottima forma"

" posso stare molto meglio"

" presto ritornerò in ottima salute"

"Certo che ce la faccio"

"Lo farò"

"È possibile"

Capito il trucchetto? Dai alle tue cellule le esatte istruzioni. Inizia a scegliere consapevolmente i tuoi pensieri.

"La mente intuitiva è un dono sacro, la mente razionale è un fedele servo…
Noi abbiamo creato una società che onora il servo e ha dimenticato il dono."

Albert Einstein

Capitolo sei

Il cervello e la sua doppia personalità

In questo capitolo proseguiamo il viaggio nella mente. Ci stacchiamo per un po' dall'attenzione ai pensieri per concentrarci sull'organo che li genera: il cervello.

Questa volta la testimonianza delle meraviglie nascoste nella nostra mente e che tutto è energia che vibra e pulsa, proviene dalle neuroscienze.

Storia di un ictus

Voglio iniziare raccontandoti la storia della neuro anatomista americana Jill Bolte Taylor e di come durante un ictus abbia scoperto le meravigliose potenzialità racchiuse nella nostra mente, permettendole di vivere momenti di profonda pace e intensa gioia.

Attraverso questa storia comprenderai il ruolo e le diverse personalità dei due emisferi di cui è composto il nostro cervello. Scoprirai come ciò che lei ha vissuto sia una conferma delle teorie della fisica quantistica e di quanto affermava anche lo stesso Albert Einstein.

Seguimi perché da questa storia ricaverai spunti di riflessione di grande valore che ti permetteranno di prendere coscienza che per vivere una vita felice, colma d'amore e gratitudine, non occorre scappare e rifugiarsi in nessun altro luogo se non nella propria mente.

Sei pronto? Mettiti comodo ed iniziamo.

È la mattina del 10 dicembre del 1996 e la dottoressa Jill Bolte Taylor, neuro anatomista di 32 anni, si sveglia con dei forti dolori nella zona delle tempie. Si alza dal letto, inizia a fare i suoi esercizi ginnici al vogatore, ma il mal di testa non la molla: un vaso sanguigno le è esploso nell'emisfero sinistro dando il via ad una emorragia.

Durante le quattro ore successive lei assiste allo spegnimento progressivo di quella parte: perde l'uso della parola, non è in grado di elaborare le informazioni, non sa più leggere i numeri del telefono e impiega quaranta minuti per chiamare il suo studio e chiedere aiuto.

Le si paralizza un braccio, i suoi movimenti sono rigidi e lenti. Perde la sua identità. Contemporaneamente l'emisfero destro si potenzia, interviene per compensare l'improvvisa assenza, per tamponare l'emergenza, crea nuovi collegamenti.

In poche parole le capacità latenti si risvegliano e, seppure a fasi alterne, Jill sperimenta com'è vivere utilizzando principalmente quella specifica parte del cervello.

La sua mente si azzittisce, sparisce quel chiacchiericcio continuo ed incessante, è muta, silenzio assoluto. Perde la consapevolezza di essere un "io", percepisce in modo chiaro l'energia che le sta attorno e nella quale lei stessa è immersa senza soluzione di continuità.

Sente il suo corpo espandersi sempre più, si percepisce grande come una balena, ma allo stesso tempo si sente leggera, vede lei e ciò che la circonda come tanti pixel. Non è più in grado di distinguere i confini del suo corpo, dove finisce lei, dove inizia ciò che è fuori di lei.

Gli oggetti, le piastrelle del bagno, il telefono, tutto è un mare di pixel, molecole che si fondono le une con le altre. Si sente immersa in un'energia vitale, in una dimensione senza spazio, senza tempo, senza alcuno stress o ricordo di esso, pace, solo pace, euforia meravigliosa, la chiama lei.

E poi quella stupenda consapevolezza di essere enorme, parte di un tutto, di

essere energia connessa ad altra energia, in un unico inscindibile flusso fatto solo di amore compassionevole: " *siamo la forza vitale dell'Universo.*"

È questo il messaggio, la nuova consapevolezza di cui Jill da tempo si fa paladina. Sì, ma cosa significa?

È ciò che afferma da decenni la fisica quantistica e perfettamente in linea con quanto aveva intuito Albert Einstein: *"tutto ciò che percepiamo come realtà è di fatto soltanto la modalità vibratoria del campo."*
Siamo un concentrato di molecole, di infinite e pure molecole di energia pulsante e fluttuiamo in un unico campo indivisibile e inscindibile da tutto ciò che ci circonda: persone, animali, piante, sassi.

Ora ti starai chiedendo: "Non posso certo farmi venire un ictus per provare e vivere la sua stessa esperienza!" Hai ragione! Ma come si fa?

La sfida

La sfida consiste nel chiederti quale siano le modalità, le chiavi d'accesso a quella parte sempre meno utilizzata da noi occidentali, a differenza degli orientali che la sollecitano di più grazie al loro diverso stile di vita.

Se vuoi vivere una vita più felice è necessario che tu lo faccia sapere per prima cosa al tuo cervello, che tu glielo dica espressamente, inviandogli pensieri congruenti e lui vi si adeguerà. Comincia da qui.

Cerca poi di staccarti, di spegnere la sfera sinistra, razionale, di mettere a tacere quella vocina, fare il vuoto. Come? Attraverso il silenzio innanzitutto, la meditazione, l'immersione nella natura. Infine coltiva l'immaginazione.

Arrenderti all'idea di far parte di un flusso di energia di benessere e abbondanza.

Jill Taylor attualmente tiene conferenze in tutto il mondo in cui si racconta, spiega e ci ricorda di essere consapevoli di come nel nostro cervello e in nessun altro luogo al mondo, risiede una dimensione magica fatta di amore incondizionato e infinita compassione.

La bellezza e l'intensità di ciò che aveva provato in quei momenti le ha dato la forza per guarire. Un processo lento e faticoso durato ben otto anni, tanto le è servito per riappropriarsi dell'emisfero sinistro del cervello.

Alle conferenze Jill inizia spiegando al pubblico come è fatto il cervello umano portandone con sé uno vero e mostrando ai spettatori in sala i due emisferi che lo compongono. Conosciamoli meglio.

Il cervello e la sua doppia personalità

Gli emisferi sono ben distinti e separati dal cosiddetto corpo calloso e lavorano, pensano, in un modo totalmente diverso l'uno dall'altro. Hanno un modo opposto di rielaborare le informazioni, è come se fossimo governati, comandati da due differenti personalità ma che interagiscono scambiandosi continuamente informazioni.

L'emisfero sinistro

È la sede dell'area associativa visiva che rielabora gli stimoli e le informazioni visive tenendo ben presente le esperienze del passato e in base ad esse programma il futuro. Custodisce la nostra memoria. È la ha sede il centro responsabile del nostro corretto orientamento spaziale.

È metodico e ordinato. Coglie, cataloga la realtà che ci circonda in continui dettagli. Si esprime attraverso il linguaggio, la parola, è la sede dei processi linguistici. È quella parte che ci dice che siamo un "io" separato da tutto il resto.

È anche la sede della razionalità, della logica. È grazie a lui che capiamo la matematica ed è lui preposto a risolvere i problemi. È dall'emisfero sinistro che, prima di essere completamente invaso dal sangue, arrivavano a Jill messaggi del tipo: " Stai avendo un ictus, muoviti, fa qualcosa, chiedi aiuto!" e che la strappavano da quella bolla di estasi in cui lei sarebbe rimasta volentieri. È inoltre pratico e abitudinario, non aperto alle novità, ci rende rigidi.

L'emisfero destro

Al contrario del sinistro, gestisce unicamente e solo l'attimo presente.

È uno spazio senza tempo ed è qui che risiede la consapevolezza che siamo non più un "io", ma un unicum indivisibile e inscindibile da tutto ciò che ci circonda: persone, animali, piante, sassi.

Non si affida alla logica bensì all'istinto. È silenziosa, si esprime attraverso il linguaggio delle immagini e delle emozioni. È la sede dell'immaginazione, della fantasia, della creatività. È ad esso che hanno accesso i geni creativi dell'arte, della musica, della poesia di tutti i tempi.

La sindrome del "savant"

All'emisfero destro accedono a piene mani ed in modo del tutto naturale, compiendo dei veri e propri prodigi nell'ambito artistico, musicale, nel calcolo matematico, coloro che sono affetti dalla sindrome del "savant", del sapiente.

Una sindrome rara, presente in persone affette da autismo o da importanti lesioni dell'emisfero cerebrale sinistro.

A volte la sindrome si attiva dopo un trauma cranico, come nel caso di Derek Amato.

Un giorno il ragazzo, mentre giocava con la palla in piscina, batte violentemente la testa sul bordo, riportando la lesione ad un orecchio e un trauma cranico.

Successivamente Derek scopre in modo casuale, mentre si trova in compagnia di amici che provano in un piccolo complesso musicale, di avere un talento eccezionale nel suonare la tastiera elettrica.

Non ha mai avuto passione per la musica e tantomeno preso in mano uno strumento musicale, eppure suona e percepisce l'armonia in modo sublime.

Esempi del genere se ne registrano in tutto il mondo. In Colorado Leigh Erceg, una ranchera di 47 anni, dopo esser caduta in un dirupo perde la memoria e diventa pittrice e poetessa. 'Vede' i suoni, 'ascolta' i colori, riempie i vetri delle finestre del suo ranch con complesse formule matematiche.

Ancora una volta siamo di fronte al potenziamento dell'emisfero destro che si accende, interviene, entra in scena per compensare, sostituire quello sinistro e lo fa a modo suo, come è nella sua natura, nella sua geniale natura.

L'emisfero destro è anche quella parte della nostra mente filosofica, aperta a percorrere nuove strade, a creare nuove sinapsi. Ci rende flessibili, ci permette di andare oltre i confini del nostro limitato io, di progredire spiritualmente.

È l'emisfero della spiritualità. Quando lo usiamo siamo in pace, rilassati, tranquilli ed allineati con la nostra vera essenza.

Cosa significa tutto questo?

L'ictus della Taylor, la sindrome del 'savant' sono lì a dirci, a mostrarci che quelle straordinarie capacità sono presenti in ognuno di noi. Genio e talento in abbondanza, pace, amore, sono latenti, quiescenti, inibiti, ma ci sono. In ognuno di noi.

Allora il 'savant' non è una sindrome, non è una malattia grave, ma un dono, una benedizione. Proviamo a darne una lettura diversa.

La società occidentale basata sulla logica e la razionalità ha prediletto ed incoraggiato l'uso dell'emisfero sinistro. Siamo talmente abituati a vivere, a far lavorare, a pensare con l'emisfero sinistro, che abbiamo perso la capacità di accedere e sfruttare le potenzialità dell'emisfero destro, rendendolo sempre più pigro.

Ora non è necessario subire una lesione di una parte del nostro cervello, e costringere l'altra a potenziarsi. La sfida è semmai chiedersi quale siano le modalità di accesso a questa parte intorpidita. Abbassare un po' il volume del sinistro ed alzare il più possibile quello destro in una perfetta armonia.

Spegnerlo temporaneamente, metterlo in stand by senza compromettere le funzioni vitali, senza ricorrere ad alcool o droghe, senza farci del male. A tanto dobbiamo tendere.

Ricapitoliamo

Ecco i concetti su cui ti invito a riflettere.

- Il passaporto per una vita serena è racchiuso in noi, nelle cellule neurali dell'emisfero destro del nostro cervello.
- Siamo energia connessa ad altra energia, in un unico inscindibile flusso, fatto solo di amore compassionevole: " siamo la forza vitale dell'Universo."
- La legge di attrazione non è cosa da pazzi e i fondamenti su cui si basa non sono teorie fantasiose, ma tutte riconducibili all'ambito scientifico.

In pratica

Ora hai acquisito una nuova consapevolezza dell'enorme potenziale racchiuso dentro te e dentro ognuno di noi. Impegnarsi ad allenare, stimolare, punzecchiare l'emisfero destro, questo puoi iniziare a farlo. Come?

I suggerimenti sono sempre gli stessi, le cose che puoi fare in fondo non sono molte.

→**Rallenta il tuo ritmo di vita** se ti senti sopraffatto dai tuoi impegni, dal tuo lavoro.

→ **Fai silenzio attorno a te**. Appena puoi concediti dei momenti silenziosi come fare una passeggiata in mezzo alla natura senza Mp4 nelle orecchie!

→ **Stacca la spina**, prova a mettere a tacere il chiacchiericcio della mente, come? Concentrandoti solo sugli stimoli che in quel preciso istante ti arrivano attraverso i sensi.

→ **Rilassati.** Puoi meditare. Fai in modo che questa pratica entri a far parte delle tue abitudini, apriti a questa possibilità: la meditazione è un ottimo portale di accesso e stimolo all'emisfero destro del cervello.

Ci vediamo nel prossimo capitolo, inizieremo il passo numero due, quello dedicato alle emozioni!

PASSO NUMERO DUE

CAPIRE.

Le emozioni, bussola per una vita migliore

"Chi guarda fuori sogna, chi guarda dentro si sveglia."

Carl Gustav Jung

Capitolo sette

Emozioni e desideri: accoppiata vincente

Complimenti, hai terminato il primo passo!

Facciamo il punto

Prima di proseguire fermiamoci un attimo e ripercorriamo la strada fatta insieme. Consolidiamo e rafforziamo i principi essenziali, i punti chiave incontrati.

Il primo passo è servito a farti prendere confidenza e comprendere, scienza alla mano, che tutto è energia, energia che vibra.

Una corrente vibrazionale pervade l'intero l'Universo e tutti ne siamo influenzati (punto chiave 2).

Abbiamo visto come l'acqua, e poi creature come piante, batteri e altre, sono tutte fantasticamente sintonizzate e sincronizzate tra loro.

Un'energia invisibile che pulsa anche dentro di noi, dentro ciascun pensiero pensato dalla mente. La mente, unica grande ricchezza dall'immenso potere che siamo riusciti solo ad intuire e in massima parte ancora sconosciuto.

Eppure la strada del cambiamento non può che essere quella, una strada dove per fortuna tu solo sei responsabile, protagonista, creatore, inventore della tua realtà (punto chiave 3).

È tutta una questione di mente, di pensieri: salute, successo, denaro, felicità, abbondanza, tutto parte da lì (punto chiave 4).

La legge di attrazione è il processo che la governa, così, come la digestione governa il nostro stomaco o la respirazione i nostri polmoni.

È una legge della natura, agisce su tutti indistintamente ed incessantemente, esiste da sempre e funziona sempre. Qando funziona bene stiamo bene, quando funziona male, stiamo male, esattamente come qualsiasi altro organo o apparato del nostro corpo.

Il suo principio fondamentale è questo:

Grazie alla legge di risonanza, la nostra mente, attira, attrae, materializza nella nostra realtà, eventi, situazioni, persone, oggetti che sono simili, in linea con i nostri pensieri ricorrenti che si comportano come tanti diapason.

Quando vibriamo in modo armonico, all'unisono con tutto ciò che ci circonda, stiamo bene, godiamo di ottima salute. Quando siamo in sintonia con il cosmo, il cosmo risuona in noi.

I fisici hanno scoperto che due particelle pur essendo uguali, vibrando su diverse frequenze, producono energia di diverso tipo. Anche la vibrazione dei pensieri si trasmette sotto forma di onda.

I pensieri legati alla paura producono un'energia con frequenza vibrazionale bassa, la più bassa. Si sintonizzano su altre della stessa specie, amplificando, diffondendo sempre più paura, angoscia, penuria.

I pensieri legati all'amore producono un'energia con frequenza vibrazionale alta, la più alta. Si sintonizzano su altre della stessa specie, amplificando, diffondendo sempre più amore, gioia, abbondanza.

Non solo. Inizia a vibrare anche tutto ciò che è multiplo e sottomultiplo di quella frequenza originaria, secondo ciò che afferma il "principio degli armonici".

Il gioco è presto fatto. La legge di attrazione altro non fa che obbedire al principio degli armonici nell'attrarre, far entrare in risonanza, vibrazioni che viaggiano sulla stessa frequenza e dunque simili. Sarebbe più esatto infatti chiamarla legge di risonanza, ma è conosciuta dai più come legge di attrazione.

Questo è il sunto racchiuso nel primo passo. Hai iniziato a mettere in pratica quanto consigliato nella sezione esercizi? Spento la televisione, trovato del tempo per te, rallentato il tuo ritmo quotidiano, ripreso il contatto con la natura?

Sono poche cose, ma che vanno fatte. Hai visto, la legge di attrazione è molto semplice, ovvia. La parte più difficile è mettere in pratica, cambiare abitudini. È lì che è richiesto il tuo impegno.

Se qualcosa ancora ti turba, ti accorgi che la mente fa resistenza, se ti senti ancora molto lontano da questi concetti, fermati e prenditi ancora del tempo.

Se invece li hai fatti tuoi, stai mettendo in pratica quanto suggerito, sei rilassato, entusiasta di continuare, andiamo! Iniziamo il secondo passo.

Risponderò a delle obiezioni e domande che certo ti sarai posto anche tu.

Come far in modo di inviare consapevolmente pensieri e vibrazioni giuste, per far risuonare e attirare a noi situazioni, fatti, persone, coincidenze, esperienze positive, splendide? Come decifrare le vibrazioni?

Chi ci dice se stiamo andando nella giusta direzione?

La risposta è ancora una volta nelle nostre mani: sono le nostre emozioni. Loro sono i tuoi unici preziosi indicatori: ti guidano, ti parlano in modo inequivocabile. Se le ascolterai non potrai sbagliare, saprai sempre dove andare o correggere la rotta.

Se il potere è tutto nella mente, nei pensieri, che ruolo hanno le emozioni?

Ebbene, le emozioni hanno un ruolo predominante nel far manifestare, creare la vita, la realtà che hai sempre sognato.

I sogni, i desideri. Si parte da lì, devi partire da lì, non serve molto altro. Ogni sogno, ogni desiderio, ogni aspirazione pensata, immaginata, è una richiesta che lascia la tua mente e va in due direzioni.

Una va verso l'alto, vibra e risuona in tutto ciò che è fuori di te, viaggia nell'Universo e si aggancia a vibrazioni simili.

L'altra va verso il basso, scende dentro te, mette radici nella parte più profonda della mente, nel subconscio, che recepisce il messaggio e ti rende sveglio, attento, pronto a vedere e cogliere occasioni che ti portano nella direzione che vuoi. Ricordi la metafora dell'albero?

Del subconscio parleremo diffusamente nel prossimo capitolo, ora continua a seguirmi, continuiamo a parlare di desideri.

Se sai fin troppo bene ciò che non vuoi, che ti annoia, ti irrita, ti fa arrabbiare, ti fa paura, cambia punto di vista, gira la medaglia, inverti la direzione dei tuoi pensieri ed inizia a chiederti: "Cosa voglio? Cosa mi fa star bene? Cosa mi diverte? "

Concentrati, pensa, poni l'attenzione su ciò che vuoi e lascia perdere tutto il resto.

Inizia a far spazio ai tuoi sogni e desideri.

Emozioni e desideri: un'accoppiata vincente!

Ora ai desideri aggiungi emozioni.

Non è sufficiente desiderare semplicemente qualcosa e chiederlo con uno o più pensieri all'Universo. Non basta. È condizione necessaria sentire quel desiderio, sentirlo vibrare anche in profondità, nell'anima.

Deve esserci un allineamento, una diretta connessione tra i pensieri, la mente e il cuore, la tua più intima essenza. Una perfetta coerenza.

Quello che hai appena letto è un principio importante, fondamentale. Ti faccio un esempio.

Desideri essere ricco e chiedi di voler guadagnare diecimila euro al mese. Ok, va benissimo. Nel tuo intimo intanto però nutri sentimenti di invidia per chi ha molto più di te in termini di ricchezza.

Sei convinto che i ricchi lo siano diventati solo rubando soldi agli altri, altrimenti non si spiega da dove arrivi tanto denaro, e poi hai sempre considerato il denaro come una cosa sporca.

Beh, questo è un classico esempio di scollamento tra ciò che desideri e ciò che in realtà provi, credi. Non potrai mai essere ricco fintanto che verso il denaro proverai emozioni come invidia, frustrazione, rabbia, senso di inadeguatezza o addirittura schifo.

Attento! Sono quelle le vibrazioni che in quel momento i tuoi pensieri diffondono. Più rabbia provi, più rabbia attiri, più schifo provi, più schifo attiri e ora sai anche il perché.

Ho fatto questo esempio non a caso, ma perché è una situazione più comune di quel che non si creda. In ogni caso ti voglio far capire che le emozioni non devono andare nella direzione opposta al desiderio, ma lo devono seguire in perfetta armonia.

Nell'Universo è custodito ciò che vuoi e il suo contrario. C'è abbondanza e prosperità, miseria e privazione. Ci sono entrambe le possibilità. Sta a te scegliere. Sta a te permettere o resistere.

Trasforma l'ostacolo in un traguardo

Il mancato allineamento è il primo ostacolo in cui si incappa, spesso inconsapevolmente, quando si mette in pratica la legge di attrazione. È bene dunque che tu ne prenda coscienza.
Come fare allora a capire, se sono allineato? La risposta è semplice, tanto da sembrare scontata, ma non lo è. Quando hai un desiderio, quando stai rincorrendo un obiettivo, quando hai delle aspirazioni, di qualunque tipo esse siano, tutto ciò deve essere supportato, accompagnato da emozioni positive.
Devi sentirti bene, emotivamente bene, allora significa che sei in coerenza: hai mente e cuore in sintonia, essi vibrano nella stessa direzione, sono in equilibrio.

L'equilibrio vibrazionale deve diventare il tuo primo traguardo.

Lo raggiungi solo se ciò che fai ogni giorno è in linea con ciò che realmente sei, con la parte più profonda di te. Solo se senti che stai vivendo la tua vita e non quella che qualcun altro pensa che tu debba vivere.

Devi cercare questo equilibrio sintonizzandoti dapprima con te stesso, guardandoti dentro e non scappare ubriacandoti con mille impegni o attività, per esempio.

Lo so, può non sembrarti affatto facile, ma basta poco, un passo alla volta, aumentando la frequenza vibratoria dei nostri pensieri gradualmente.

Inizia ad essere coerente con la tua essenza, con il tuo essere, con la tua parte spirituale dalle piccole cose quotidiane.

Esempio di mancato equilibrio vibrazionale

Ho conosciuto una signora che mi raccontava spesso di quanto anche a lei piacesse molto leggere, di come la lettura la rilassasse, la facesse sentire proprio bene. Quando le chiedevo in quale libro si stesse perdendo in quel momento, lei ogni volta mi rispondeva che non stava leggendo nulla. Ne era molto dispiaciuta, ma non ne aveva proprio il tempo: i figli, la casa, la spesa. Quasi invidiava me che invece riuscivo a trovare il tempo di farlo.

Io che spesso mi trovo a rimestare il sugo con una mano e ad avere un libro aperto nell'altra, non riuscivo a comprendere perché mai si negasse un tale piacere e percepivo la sua frustrazione, una frustrazione che si auto infliggeva.

La signora è una casalinga a tempo pieno e se avesse voluto, se avesse ascoltato, se avesse dato voce al suo vero sé, di certo avrebbe trovato del tempo per la lettura, la sua passione, invece di reprimerla dando vita ad uno squilibrio emotivo e vibrazionale.

Si auto sabotava, negandosi quel piccolo piacere quotidiano, tradendo una sua autentica aspirazione e alimentando un senso di frustrazione.

Quando si lascia spazio a questo tipo di emozione si è su una scala vibrazionale bassa. Se al contrario, la signora si concedesse del tempo tutto per sé e prendesse in mano un libro del suo autore preferito anche solo per un'ora, come pensi si sentirebbe in quel lasso di tempo?

La frustrazione sparirebbe per lasciar posto ad altre emozioni senza subbio positive: serenità, tranquillità, pace, soddisfazione, gioia. Si sentirebbe diversa, produrrebbe pensieri diversi, vibrazioni diverse. Sarebbe centrata, in equilibrio, presente con tutta l'anima, allineata.

Questo era solo un esempio per farti capire che trovare il proprio equilibrio vibrazionale nella vita di tutti i giorni non è poi così difficile.

Quando iniziai ad avvicinarmi a questo concetto, lo capii in un primo momento solo a livello intellettuale ed ero in ansia di farne esperienza. Non so perché, ma credevo che essere allineati, centrati, fosse un po' come raggiungere uno stato di estasi, una sorta di illuminazione che ovviamente questa era difficile per me rincorrerla nella quotidianità.

Per questo mi rivolsi a dei coach, continuai ad investire soldi in corsi e libri, alla ricerca di qualcuno che mi spiegasse quale fosse l'emozione giusta, e soprattutto la strada giusta.

Esempi di giusto equilibrio vibrazionale

Tirai un sospiro di sollievo quando in tutta onestà mi spiegarono che ancora una volta non c'è nessun mistero: sei allineato semplicemente quando ti senti bene, quando provi emozioni positive.

Lo sei quando accarezzi e fai le coccole al tuo gatto o al tuo cane, quando sei gentile, quando hai rispetto, quando sei grato, quando ti incanti a guardare la fiamma del fuoco nel camino o la danza della fiammella di una candela senza pensare a nulla.

Sei allineato quando osservi la neve cadere, quando fai ciò che ti piace, quando metti amore nelle cose che fai, quando sei immerso nella natura e ti godi le sue meraviglie. Quando non vai di fretta, quando smetti di lamentarti, quando sospendi il giudizio, quando senti la pienezza, l'abbondanza in ciò che ti circonda, quando sei consapevole della vita che ti scorre dentro. Allora vibri sempre più alto anche se quello che provi non è la felicità pura, ma un senso di tranquillità, di pace interiore.

Fai tesoro di quello che ti ho appena detto. Io ci ho messo più di un anno e speso molti soldi prima di arrivare a questa verità, che poi di verità non si tratta, bensì di una presa di coscienza.

Lo so. Capita che desideri fortemente essere sereno, trovare la pace. In realtà potresti aver perso il lavoro, subito un lutto o essere nel bel mezzo di una separazione ed essere circondato da una tempesta di pensieri che vibrano sulle basse frequenze: paura, incertezza, angoscia, sfiducia.

In questa situazione difficilmente riuscirai a far impennare di colpo l'ago e toccare la vibrazione più alta, quella dell'amore perché proprio non ti senti in quello stato di grazia. Non ti preoccupare, quella è la vetta, ma tu

in qualsiasi punto ti trovi, per quanto in basso esso sia, la via per raggiungere la felicità è solo una: fare un passo in avanti, un piccolo passo.

Salire di un gradino, salire di un'ottava. Come? Trovando un pensiero che ti faccia sentire un po' meglio, attaccarti ad esso per arrampicarti un po' più su. Poi espandilo, incoraggialo, la legge di attrazione farà il resto.

Ascolta i pensieri da dove arrivano, cosa hanno da dirti, che sensazioni, emozioni portano con loro. Ascoltati, lascia fuori dalla porta quelli che ti creano disagio o che non ti si addicono.
Le emozioni hanno poi un ruolo determinante nel dialogare con il nostro subconscio. Sono la chiave, la combinazione giusta per far luce su quel lato misterioso nascosto in noi.
È giunto il momento che te ne parli in maniera più approfondita.
È un mistero molto affascinante.
Intanto ecco i concetti su cui puoi riflettere.
• Inizia a far spazio ai tuoi sogni e desideri.
• Pensieri, mente e cuore: una perfetta coerenza.
• L'equilibrio vibrazionale deve diventare il tuo primo traguardo.
• In qualsiasi punto ti trovi, per quanto in basso esso sia, la via per raggiungere la felicità è solo una: trova un pensiero che ti faccia sentire meglio.

In pratica
Come sai, la parte dedicata alla pratica la affronteremo nel passo n. 3. Nel frattempo:
→ concentrati, focalizzati e fai un elenco delle piccole gioie quotidiane. Scriverle sarebbe meglio. Esempio: "Amo il paesaggio all'imbrunire, il colore dei ciclamini, osservare il gatto mentre dorme, ... "
→ Stai più a lungo possibile con queste piccole emozioni. Diventane consapevole.

"Chi pensa di illuminare l'intera gamma di azioni mentali tramite la luce della sua coscienza non è diverso da chi cerca di illuminare l'universo con una candela."

Prof. Davidson

Capitolo otto

I tre stati di coscienza: conscio, subconscio e super conscio

Facciamo ora una sosta nei meandri sconosciuti ma affascinanti della nostra mente e dei suoi tre stati di coscienza:
1. la mente conscia.
2. la mente subconscia.
3. Il super conscio.
Conoscerli ti permetterà di far luce su parti di te stesso oscure, buie e di non vivere più in loro balìa nella più totale inconsapevolezza.
Scoprirne le caratteristiche, le capacità, le meraviglie, ti porterà a non temerli, ma ad iniziare a prendervi confidenza ed instaurare con loro un dialogo costruttivo.
Non dimenticare il fine ultimo: una vita migliore condita da più entusiasmo, gioia, salute, prosperità. Iniziamo!

Il subconscio questo grande sconosciuto

Il termine subconscio, leggo su Wikipedia, è poco usato in psicologia, dove si preferisce sostituirlo con la parola inconscio. A me, invece piace usarlo perché il prefisso sub, ben spiega che si tratta di ciò che sta sotto la coscienza. Il significato è in ogni caso lo stesso. Così recita ancora Wikipedia:

"sono tutti quei pensieri, emozioni, istinti, modelli comportamentali, spesso alla base dell'agire umano, ma di cui il soggetto non è consapevole."

Vorrei ritornare a leggere e riflettere sulla seconda parte della definizione:

> Il subconscio è spesso alla base dell'agire umano, ma di cui il soggetto non ne è consapevole.

Dunque che significa?

Che a condurre la nostra vita, a prendere decisioni, ad agire non siamo noi con la nostra mente razionale, logica, come crediamo, ma il subconscio, questo grande sconosciuto?

Quest'immenso iceberg che galleggia per il 95% nascosto, sommerso nelle acque della nostra mente in cui abbiamo paura, timore ad immergervi le mani?

Sì, è esattamente così!

Chi ha detto di muoverti?

A confermalo è una scoperta fatta dai ricercatori dell'istituto di bio-robotica della Scuola Superiore di S. Anna di Pisa, nel mettere a punto una protesi artificiale della mano, all'avanguardia. Nel collegare l'arto essi hanno osservato che l'impulso elettrico del movimento è già presente nella corteccia cerebrale alcuni millisecondi prima della decisione conscia, consapevole, di compiere quel gesto.

Chi ha dato quell'ordine? Da dove è partito? Chi ha deciso di muovere la mano una manciata di millisecondi prima del mio sé cosciente?

La risposta è in quella parte del sistema nervoso periferico chiamato autonomo o neurovegetativo che gestisce, dirige in modo impeccabile, affascinante ed anche misterioso, tutte quelle miriadi di funzioni poste al di fuori della nostra volontà. È la mente subcosciente.

Questa scoperta è illuminante. Ci dice che ogni volta che dobbiamo scegliere, ci illudiamo, crediamo di farlo razionalmente, mentre in realtà abbiamo già scelto, la nostra mente subcosciente ha già scelto. Vale la pena di conoscerla meglio, non credi?

Lei fa battere il cuore, le palpebre, crescere le ossa, riprodurre le cellule, trasforma il cibo in energia. È quello che ti fa salire in macchina, schiacciare l'acceleratore, spingere la frizione, cambiare la marcia e nello stesso tempo guardare la strada, ricordarti il percorso, tenere il cellulare in una mano, conversare e arrivare a destinazione senza aver preso sotto nessuno, sano e salvo e soprattutto senza essertene reso conto. E meno male!

Perché se devi star lì a ragionare, a pensare a tutti i movimenti che devi compiere per girare, rallentare, ridurre la marcia, non ce la fai, è certo che ti confondi.

Il subconscio supereroe: legge dieci enciclopedie al secondo!

Anche la neurobiologia ci aiuta, sta facendo luce su questa nostra importantissima parte e ci fornisce i seguenti dati:

La mente subcosciente gestisce, elabora, immagazzina il 95% dei 40 Gigabyte di informazioni che arrivano al cervello ogni secondo.

Traduciamo: ci arrivano quaranta miliardi di informazioni al secondo. Qualcosa come dieci enciclopedie Treccani vengono lette e immagazzinate ogni secondo dalla mente subconscia, mentre il restante 5%, due miliardi di informazioni, vengono lette dalla parte consapevole e cosciente.

Nella nostra mente subconscia è dunque racchiuso un potenziale enorme che ha un ruolo fondamentale e che è necessario conoscere.

Archivia, registra tutto ciò che il cervello riceve, indistintamente, senza alcun filtro. È velocissima, cinquecentomila volte più veloce della mente cosciente. Lavora, elabora simultaneamente più dati, legge dieci enciclopedie per volta, te l'ho detto, è a dir poco strabiliante!

La mente conscia, al contrario, fa una sola cosa per volta, legge una pagina alla volta. È molto lenta, elabora cinque dati al secondo contro i due milioni e cinquecento del subconscio.

Andiamo oltre i numeri e continuiamo a scoprire questa vasta zona d'ombra non cosciente mettendola ancora a confronto con quella cosciente.

Mente conscia VS mente subconscia: l'agnello e il lupo

La mente cosciente si rapporta con il mondo esterno e attraverso i cinque sensi, filtra tutta quella miriade di informazioni, altrimenti impazziremmo. Una vola che ha raccolto questi dati cosa fa? Giudica, valuta, argomenta, scarta, decide, sceglie. È la sede della volontà, del ragionamento. È oggettiva. Il più delle volte funge da tappo della mente subconscia, la sorveglia, la governa, la tiene a bada, la censura, l'azzittisce. Sì, spesso succede proprio così.

Al contrario la mente subconscia raccoglie tutto, non ha facoltà di scelta, non sa ciò che è giusto e ciò che non lo è, ciò che è vero, ciò che è immaginato. Non può argomentare, si avvale di ciò che la mente conscia le passa, le trasferisce, ed agisce di conseguenza. Esegue.

Accetta tutto senza giudizio. Percepisce attraverso l'intuito. È la sede della memoria, dei ricordi e delle emozioni ad essi legate. È qui che viene archiviata, registrata, incisa, tutta la nostra vita dal momento del concepimento. Sì, hai letto bene, sin dal momento del concepimento.

Qui è custodito tutto il nostro vissuto emozionale. Il subconscio agisce, si comporta in base alle emozioni trascorse. E che altro sono le emozioni se non il prodotto di un'esperienza?

Agisce facendo ammenda delle esperienze del passato, soprattutto delle emozioni ad esse connesse. È il regno delle emozioni, dei sentimenti.

Se ci pensi bene, di un evento, infatti, non ricordi l'esperienza, il fatto in sé, ma cosa ti ha suscitato, la sensazione, l'emozione che ti ha lasciato.

Il subconscio poi non riflette, non ha capacità di discernimento. Esegue e basta. Invia i messaggi a tutti gli organo del corpo. Di conseguenza noi viviamo, decidiamo, scegliamo, programmiamo la nostra vita, nel 95% dei casi, in base alle esperienze del passato e nel 95% dei casi, non ne siamo consapevoli.

E se da piccoli qualcuno ci ha detto che non capivamo un tubo di matematica, è certo che ora da adulti la matematica è nostra nemica giurata.

Questo è solo un esempio, ma se ne possono fare centinaia. Il concetto importante che ne consegue è che:

nel subconscio vi sono scritti, impressi, anche tutti i nostri condizionamenti, le nostre convinzioni, le nostre più limitanti ed invalidanti credenze.

Ne sei proprio convinto?

Noi siamo il frutto, il risultato di ciò che crediamo di essere, non di ciò che realmente siamo.

Crediamo di essere timidi, siamo convinti di essere sfortunati, incapaci di esprimerci in quella o quell'altra arte, crediamo che mai saremo ricchi. Ci crediamo sul serio tanto che i fatti, gli avvenimenti accaduti e che continuano ad accadere nella nostra vita, sono lì a testimoniarcelo in modo inesorabile.

Nel subconscio, di gran lunga più forte e potente dei nostri desideri consci, sono installati dei programmi, lui lavora per programmi. Dipende dal tipo di programma che infili dentro, dal tipo di convinzioni che hai accumulato durante la vita o che ti hanno trasmesso.

Subconscio, tana delle nostre paure

Date le premesse, allora chiediamoci: che tipo di emozioni albergano nel subconscio? La loro natura è ben definita. Qui vengono incasellate, incamerate solo quelle emozioni negative che fanno capo alla paura e che sono alla base di ogni malessere. Senso di colpa, insoddisfazione, frustrazione, senso di inadeguatezza, odio, rancore, invidia, desiderio di vendetta. Insomma, è il magazzino di tutte le nostre più recondite paure, pulsioni.

È la sede dell'ego, di come percepiamo e giudichiamo noi stessi. Per questo ci fa paura, lo temiamo, lo censuriamo, lo controlliamo con la parte cosciente.

In realtà conscio e subconscio interagiscono continuamente, vi è un continuo scambio di informazioni.

Il più delle volte sono informazioni che cozzano, stonano, stridono tra loro. Il subconscio ci tira per la manica della giacca, la mente conscia, razionale, subito ci azzittisce e ci trascina giorno dopo giorno, anno dopo anno, dalla parte opposta, in una qualsiasi altra realtà. Ci imprigiona dentro un ruolo che non vibra come dovrebbe, a cui sottostiamo raccontandoci mille e una scusa, vinti dalla rassegnazione.

Ma che vita è questa?

È il mancato allineamento di cui ti parlavo, è la disarmonia, il non equilibrio, la non coerenza. Da questo remare in direzioni opposte, da questo disaccordo tra mente conscia e subconscia, sorgono e sorgeranno disturbi psicosomatici, stati d'ansia, depressione, attacchi di panico, malattie e nei casi più gravi, tumori.

Il super conscio: la gemma più preziosa

Vi è poi il super conscio, chiamato anche Sé superiore. È una parte meravigliosa, il nostro scrigno più prezioso.

Si tratta del terzo stato di coscienza che alberga in noi, ma è ancora più sconosciuto del subconscio.

È uno stato studiato sia in psicoanalisi da Jung, sia nella psicologia transpersonale e nella psicosintesi sviluppatasi soprattutto in America.

Super conscio è ciò che sta sopra la nostra coscienza, ad un livello superiore. È il punto più alto di consapevolezza, la sede dell'intelligenza suprema e dei sentimenti più elevati. Qui è racchiuso il nostro vero io, la nostra vera essenza, l'immenso potenziale che tutti abbiamo, quel cielo blu di cui ti parlavo.

Se il subconscio è cinquecentomila volte più potente del conscio, il super conscio è infinitamente più potente. È una parte, uno stato che ci collega con il tutto e con tutti. Ci lega all'Universo intero.

È il regno dello spirito che ci sovrasta, ci guida, ci illumina. È qui che arde quella scintilla divina di cui parleremo più avanti, è il collegamento con il Creatore di tutto ciò che è, o se preferisci, con Dio. È la nostra parte più preziosa.

Da qui ci arrivano le intuizioni, le ispirazioni, le soluzioni inaspettate, i colpi di genio. Qui alberga l'Amore incondizionato e tutti i sentimenti e le emozioni ad esso collegate.

Quando proviamo gioia, allegria, pace, quando siamo colmi di stupore e meraviglia. Quando siamo pieni di gratitudine, fiducia, passione, entusiasmo, vuol dire che siamo collegati, siamo in risonanza con il nostro super conscio. Quando, al contrario, siamo vittime della paura e proviamo sfiducia, rancore, rabbia, dubbio, siamo collegati, dominati dal nostro inconscio.

L'obiettivo, ormai ti sarà chiaro, è quello di fare in modo di vivere allineati, è quello di far fluire, scorrere senza blocchi, senza nodi, l'amore nel conscio e nel subconscio. Trasformare il mal-essere, in ben-essere.

Permettere che l'energia dell'Amore scorra libera dentro di noi e che diffonda le sue alte vibrazioni fuori, tutt'intorno a noi e oltre, molto oltre noi. Ricordi l'effetto della meditazione collettiva di Washington?

A questo punto, mi preme che tu prenda atto di un altro importante punto chiave, il quinto, un tassello che ti darà la forza e il coraggio, ti sosterrà nei passi a venire.

Credi che la vita sia una fregatura? Che siamo venuti al mondo ognuno con la propria croce da trascinare pesantemente sulle spalle? Che la felicità non esiste o che sia effimera?

Se pensi questo, se sei abituato a pensare in questi termini, se continuerai a farlo, troverai difficile, faticoso, fare dei passi in avanti.

È ora di cambiare prospettiva, di girare la medaglia, di alleggerirti, lasciare andare tutte le convinzioni che hai respirato, assorbito sin da piccolo, soprattutto quelle religiose.

Quinto punto chiave:

Siamo su questa terra per essere felici. Siamo nati per sperimentare la gioia, l'amore, l'abbondanza.

Credimi. È così. Ne parleremo ampiamente nel prossimo capitolo.
Riassumiamo i punti di questo capitolo su cui dovrai soffermarti, riflettere.

- Il subconscio è spesso alla base dell'agire umano, ma ne siamo totalmente inconsapevoli.

- Ci arrivano quaranta miliardi di informazioni al secondo. Ci rendiamo conto solo del 5%.

- La mente subconscia raccoglie tutto, non ha facoltà di scelta, non sa ciò che è giusto e ciò che non lo è, ciò che è vero, ciò che è immaginato. Non può argomentare, si avvale di ciò che la mente conscia le passa, le trasferisce, ed agisce di conseguenza. Esegue.

- Nel subconscio vi sono scritti, impressi, anche tutti i nostri condizionamenti, le nostre convinzioni, le nostre più limitanti ed invalidanti credenze.

- Noi siamo il frutto, il risultato di ciò che crediamo di essere, non di ciò che realmente siamo.

- Il subconscio, casa delle nostre paure.

- Il super conscio è ciò che sta sopra la nostra coscienza, ad un livello superiore. È il punto più alto di consapevolezza, la sede dell'intelligenza suprema e dei sentimenti più elevati.

In pratica

Siamo su questa terra per essere felici. Siamo nati per sperimentare la gioia, l'amore, l'abbondanza.

→ Rifletti e poi impara a memoria queste due frasi. Condividile con tutta la tua anima. Inizia a crederci. Inizia a ripetertele più volte al giorno.
È questo l'unico esercizio per questo capitolo. Ti aspetto nel prossimo!

"Abbiate il coraggio di essere felici."

Papa Francesco

Capitolo Nove

Siamo su questa terra per essere felici. Siamo nati per sperimentare la gioia, l'amore, l'abbondanza

Bene, Riprendiamo da qui, dal quinto punto chiave. Hai fatto l'esercizio? Hai iniziato ad inserire questo nuovo programma, questa nuova convinzione nella tua mente? Le stai facendo strada?

Non preoccuparti, approfondiremo meglio e consolideremo insieme questa straordinaria verità.

Pronto? Trova una posizione comoda ed iniziamo! C'è un'altra grande e bella verità che nessuno ci ha mai detto.

Lo stato di benessere, di prosperità, di salute è connaturato in noi.

La sofferenza, le privazioni, l'odio, sono delle distorsioni, errori di programma, potremmo dire, che occorrono eliminare, resettare. Nel nostro essere più profondo alberga il bene e non il male, solo esclusivamente il bene, l'amore, il cielo azzurro, azzurro per tutti.

Ma come? Starai obiettando, e tutto il male e le brutture che esistono nel mondo? Sono appunto distorsioni.

In realtà non c'è ragione per cui tu debba, ad esempio, ristagnare nella depressione dal momento che di certo avrai conosciuto anche la gioia. Non c'è ragione che tu rimanga impantanato in una rassegnata esistenza fatta di sacrifici.

La vita è tutta in salita?

"La vita è dura, è fatta di sacrifici", quante volte ce lo siamo sentito dire? Scommetto che anche tu te lo sei sentito ripetere tante volte, sin da piccolo.

Fare i compiti era un sacrificio, studiare era un sacrificio, alzarsi presto per andare a lavorare ora è un sacrificio, allenarsi, fare sport, spesso è un sacrificio e mille altre cose ancora. La vita di coppia per molte, tante, troppe persone è spesso un sacrificio, una sopportazione.

Ci hanno insegnato questo e questo accettiamo, subiamo. Perché, invece non ci mettiamo in condizione di pensare, sperimentare, vivere, percepire il contrario?

Perché non dovrebbe essere entusiasmante alzarsi presto la mattina per andare a lavorare? Forse perché ci siamo dimenticati che

vivere una vita serena, entusiasmante, passionale è un nostro sacrosanto diritto.

Probabilmente nessuno ce lo ha insegnato, inculcato sin da piccoli. È la missione, lo scopo ultimo per cui siamo giunti su questa terra e che ci accomuna tutti, nessuno escluso. Non c'è insomma alcuna ragione per cui tu, io, gli uomini tutti non dobbiamo essere felici quaggiù.

Voglio rafforzare in te questo concetto offrendoti ad esempio, una diversa lettura della religione, che così come ce l'hanno propinata, rappresenta un forte e radicato condizionamento spesso subconscio, duro da sciogliere.

Occorre fare un salto, uno sforzo per nettarla, ripulirla da quel senso di colpa, di peccato, di sofferenza. Sacrificarsi in terra per guadagnarsi la beatitudine eterna.

Non ha detto lo stesso Papa Francesco: "Abbiate il coraggio di essere felici"?

A sua immagine e somiglianza

Non siamo noi uomini stati creati "*a Sua immagine e somiglianza*"? Cosa significa questo? Che siamo fatti della stessa sostanza divina.

In ognuno di noi indistintamente arde una scintilla divina.

Siamo fatti chimicamente dello stesso materiale di cui sono fatte le stelle. Lo sapevi? Siamo fatti di atomi di ossigeno per un 65%, di carbonio, fondamentale per creare catene di atomi, per un 18%. Siamo fatti di idrogeno per un 10 % e così via.

Carbonio, idrogeno, ossigeno: è lo stesso materiale che era contenuto nelle stelle di seconda generazione, le supernove. Esplodendo, lo hanno sparpagliato per tutto il creato dando origine, raffreddandosi, a pianeti, rocce ed infine alla vita.

Ecco di che cosa siamo fatti, ecco il nostro legame con l'Universo. Siamo suoi figli, siamo un tutt'uno. Di questo dobbiamo prendere atto, coscienza.

Personalmente sono convinta che a schiacciare l'interruttore che dette il via al Big Bang altri non fu che una Mente Divina.

Tanto è bastato a conciliarmi con una vita vissuta da atea e a veder spuntare fiori dove prima c'era il deserto, in quell'angolo, in quella parte spirituale che tutti possediamo.

Non c'è dunque nessun peccato da espiare, nessuna colpa da redimere. Proviamo a sostituire il concetto di colpa con quello di responsabilità, consapevolezza. Siamo responsabili, ma non colpevoli. C'è una differenza di percezione non credi?

Sostituiamo il concetto di sacrificio come unica nostra prerogativa terrena, con quello di gioia e amore come condizione naturale.

Dobbiamo imparare a diventare alchimisti, sciogliere, trasformare le nostre paure, le nostre insoddisfazioni. Come?

Gioia e amore, la nostra condizione naturale. Come si fa?

Preparati, fai attenzione: sto per darti delle preziose indicazioni. Mi raccomando, non fermarti a leggere solo l'indicazione, entra, vai! Inizia a percorrere il sentiero.

1. Sii consapevole

Essere consapevole momento per momento se sei guidato dalla Paura o dall'Amore. Ecco il ruolo fondamentale, cruciale, delle emozioni. Sono degli indicatori essenziali, non possono sbagliare, non puoi sbagliare.

Se li ascolti saprai sempre con certezza in che stato ti trovi, se sei nel subconscio o nel super conscio, se i tuoi pensieri vibrano nella direzione giusta o in quella sbagliata, se ti aspetta un futuro migliore o peggiore.

2. Scegli

Quando sei cosciente, consapevole allora con la mente conscia, scegli. Abbiamo, rispetto agli altri esseri viventi in natura, un dono, quello della scelta, del libero arbitrio.

Scegli, decidi quale energia alimentare e attirare, che livello di vibrazione raggiungere. Scegli quali pensieri allontanare, quali espandere. Scegli con quali emozioni stare:
Paura, senso di impotenza, tristezza, rancore, orgoglio, gelosia, rabbia.
Serenità, ottimismo, merito, perdono, gentilezza, gratitudine, amore.
È tutto nelle tue e solo nelle tue mani, nella tua testa, nei tuoi pensieri. Solo tu sai come essi ti fanno sentire.
Stiamo parlando di Universo, energia cosmica certo, ma l'unico che ha il timone in mano sei tu. Non c'è nulla là fuori. Tutto: risposte, soluzioni, cambiamenti, gioia, amore, o povertà, malattia, dolore, frustrazione, sei sempre tu a decidere. L'unico.
Tu sei il responsabile di tutto ciò che di brutto e di bello ti è accaduto fin d'ora.
Lo so. Per alcuni può essere entusiasmante per altri scioccante. Può essere duro da digerire, ma va fatto. Di nuovo, prenditi tutto il tempo che vuoi.
Naturalmente tutti vorremmo allontanarci il più possibile dalla paura e vivere nell'Amore e nella gioia. Vivere felici è il desiderio di tutti. Come?

3. Amati

Ama te stesso. È fondamentale. Può sembrarti ovvio, per niente originale, scontato, in realtà non lo è. Qualsiasi obiettivo vuoi centrare nella tua vita, se non ti garantisci una buona scorta di autostima, se non ti rispetti, se non ti vuoi bene, rinuncerai al primo ostacolo.
Metti te stesso avanti a tutto: non annullarti, non amare, lavorare con abnegazione, non consegnare la tua vita in mano ad altri, che siano persone, cose, o ideali. Rimani, resta integro, autonomo. Solo così sarai libero, non ricattabile.

Sì è vero, sento già alzarsi voci di dissenso, questo è egoismo, sano egoismo aggiungo io. Solo quando ti ami e accetti, quando senti pace dentro te, puoi riversarla fuori, sei in grado estenderla, diffonderla in chi ti circonda, contagiandoli.

Solo quando provi amore per te stesso puoi donarlo senza essere nella condizione del bisogno, della dipendenza, ma in quella del puro piacere, piacere di condividere, di dare, di offrire. Offrire amore incondizionato al prossimo. Ecco come si trasforma, cosa diventa l'egoismo: Amore puro. Amore che equivale ad energia, vibrazione che riversi, diffondi fuori.

Amarti non è dunque essere egoista, ma divino. Devi ricordarti della parte divina che è in te, riconoscerla, onorarla. Come?

→ **Onora i tuoi talenti innati**, per esempio e non soffocarli, sacrificarli o interrarli, come il servo nella parabola evangelica (Mt, 25,14 - 30).

Onorarli significa valorizzarli secondo le tue capacità, esprimerli, far emergere il tuo potenziale, perché tutti abbiamo del potenziale da esprimere, tutti indistintamente, basta solo cercarlo.

Cercare dentro per liberare la tua vera essenza, raggiungere il tuo cielo e vivere la tua vera vita e non quella che gli altri si aspettano che tu viva.

→ **Inizia a ragionare in termini di merito**. Comincia dalle piccole cose: regalati piccole gratificazioni quotidiane, regalati del tempo tutto per te.

Prenditi delle pause per fare ciò che ti fa star bene, fosse solo concederti un caffè al bar o stare in compagnia di un buon amico o libro.

Spesso mi sento rispondere: "*Sì, mi piacerebbe, ma non ho proprio tempo!*" Sono solo scuse messe in atto dalla mente conscia che cerca di boicottarti in tutti i modi. È normale, basta prenderne atto.

Devi comunque abituarti a pensare e dire: " IO MERITO". Merito un lavoro gratificante, una relazione soddisfacente, merito di mangiare del cibo sano.

Uno dei primi esercizi pratici che ho cominciato a fare quando ho scoperto la Legge di attrazione, è stato proprio iniziare a creare in modo consapevole precisi pensieri che iniziavano con "Io merito".

È uno degli esercizi che ho mutuato da Fabio Marchesi e te lo ripropongo perché rafforza la propria autostima e inoltre quel "io merito" agisce molto in profondità e per l'inconscio è un messaggio molto convincente.

In pratica si tratta di assemblare gruppi di tre parole, tre stati che vorresti raggiungere. Il primo gruppo però, afferma Marchesi, è bene che sia lo stesso per tutti, in quanto molto efficace.

Consiste nel ripetere tante, tante volte al giorno e per tre settimane: " *io merito amore, gioia e gratitudine*".

Potresti crearne altre del tipo: "*io merito salute, ricchezza, armonia*", "*io merito felicità, creatività, pace*" e ripeterle spesso e nel ripeterle sentiti fiero. Mettici il cuore, cerca di non farlo meccanicamente. Non sono formule magiche, non vi è nulla di magico, ma molto di "organico" e ti spiego perché. Più le ripeti più crei nuove sinapsi nel tuo cervello. Lì si formano nuove reti neurali, nuovi percorsi, nuove vie più costruttive che vanno pian piano a sostituire i vari "non merito" radicati in profondità.

Non è importante che tu le dica a voce alta o che le pensi o che le scriva, anche se quest'ultima pratica è più efficace, si libereranno in ogni caso delle ottime vibrazioni che immetterai nell'universo.

Il doppio fascino della legge di attrazione. Tu quale scegli?

La legge di attrazione è affascinante anche per la sua duplice lettura: la puoi leggere in chiave cosmica, universale, energetico-vibrazionale e porre lo sguardo fuori, oltre, nello spazio infinito sentendoti un tutt'uno con esso, con tutto il creato.

Puoi darne un'interpretazione biologica, neurale, imparando a conoscere il funzionamento del cervello, della mente umana e volgere lo sguardo dentro, nelle profondità del tuo spirito.

Scegli quella che più senti tua, quella che ti crea meno resistenza. In ogni caso una lettura, un approccio non esclude l'altro, anzi, si completano e rafforzano a vicenda in una visione globale, umanitaria.

Guardarti dentro con coraggio, scavare, conoscere le tue emozioni. Capire, per poi, in modo consapevole, trasformare i pensieri negativi in pensieri positivi al fine di offrire, consegnare all'Universo vibrazioni sempre più alte che entreranno inevitabilmente in risonanza con altre simili che viaggiano sulla stessa scala di frequenza.

Nuovi pensieri positivi creeranno giorno dopo giorno nuove sane convinzioni. È dal solco di queste che scaturiscono i nostri comportamenti.

Ora ti sarà più chiaro il perché la realtà riflette l'atteggiamento mentale predominante e soprattutto, in definitiva, che:

è solo una questione di mente. Questo è l'unico, vero, grande, affascinante segreto.

Come vedi la legge di attrazione non è un giochetto, ma un graduale percorso di conoscenza e crescita interiore che ti arricchirà a patto che tu sia disposto a fermarti, e guardarti dentro, analizzare i tuoi pensieri.

Il rovescio della medaglia è che spesso, molto spesso i nostri pensieri sono negativi e le convinzioni da essi scaturite, sono invalidanti, negano la gioia, frenano la felicità. È proprio di questo, delle credenze limitanti, che parleremo nel prossimo capitolo.

Siamo giunti al riepilogo. Ecco i punti principali trattati:

- Lo stato di benessere, di prosperità, di salute è connaturato in noi. La sofferenza, le privazioni, l'odio, sono delle distorsioni, errori di programma da eliminare, resettare.
- Vivere una vita serena, entusiasmante, passionale è un nostro sacrosanto diritto.
- In ognuno di noi indistintamente arde una scintilla divina.
- Gioia e amore, la nostra condizione naturale. Come si fa?
- Sii consapevole
- Scegli
- Amati
- Guardarti dentro con coraggio, scavare, conoscere le tue emozioni. Capire, per poi, in modo consapevole, trasformare i pensieri negativi in pensieri positivi al fine di offrire, consegnare all'universo vibrazioni sempre più alte.

In pratica

→ Scrivi, ripeti a voce alta o pensa tantissime volte al giorno le frasi seguenti:

"Io merito Amore, gioia, gratitudine". Continua e decidi tu:

"Io merito … … …"

"Io merito … … …"

E anche questa volta mettici l'anima!!

"Viviamo la vita sulla base di ciò che crediamo del mondo, di noi stessi, delle nostre capacità e delle nostre limitazioni."

Gregg Braden

Capitolo dieci

Il grande ostacolo delle convinzioni

In questo capitolo ci soffermiamo sul ruolo fondamentale del bagaglio di credenze e convinzioni che ci portiamo dietro sin dalla nascita.
Sei pronto? Bene, iniziamo.

Le tue credenze, le tue convinzioni sono il più grande nodo, il blocco, l'ostacolo principale che fa sì che la legge di attrazione non funzioni come vorresti.

Più sono radicate in te, più ti porteranno lontano dal tuo obiettivo.
Le ricevi, le riceviamo in dote dalla famiglia, dalla società, dalla scuola, dalle religioni, dalla cultura. Nessuno ne è immune. È parte del tuo bagaglio personale. Sono fatte di un groviglio di pensieri, azioni, abitudini. Sono complesse, ramificate, radicate spesso a livello subconscio.
Credere vuol dire accettare a livello profondo che quella determinata cosa sia vera per te. Le convinzioni sono molto potenti, nel bene e nel male.

Come nasce una convinzione?

Pensiero dopo pensiero, ecco come nasce una convinzione. Eppure il pensiero da solo non basta. Ciò che pensi lo devi sentire forte anche con il cuore. È l'emozione che dà forza, vita al pensiero, altrimenti sterile, inerte.

In base a ciò che credi, agisci, fai. Giorno dopo giorno quel fare, quel comportamento si trasforma in un'abitudine. Di solito sono così potenti, radicate che vengono lette anche dalle nostre cellule. Ti faccio un noto esempio della forza di sane convinzioni scaturite da sani pensieri.

L'effetto placebo inganna una persona su tre

Avrai senz'altro sentito parlare dell'effetto placebo. Ho controllato ed ho trovato questa definizione:

" *è una sostanza farmacologicamente inerte e inattiva che viene somministrata soprattutto per gli effetti psicologici che può avere sul paziente.*"

La stessa comunità medica ha dimostrato che l'effetto placebo guarisce un terzo di tutte le malattie, ci sono innumerevoli studi in proposito.

Vorrei fermarmi a riflettere su questo dato. Una persona su tre guarisce perché crede, è convinta, ha piena fiducia in quella pillola.

In realtà a guarirlo è la forza della sua mente, non certo la pillola fatta di zucchero.

È stata la sua fede, pura, libera dal dubbio, dall'incertezza.

E se alla pillola sostituiamo il santino, l'immagine di Padre Pio? Ecco la risposta a quelli che chiamiamo miracoli e che la scienza definisce casi, guarigioni non spiegabili. Non c'è nessun elemento esterno, è solo opera della mente, della sua incrollabile convinzione, di quel messaggio che viene inviato al subconscio e eseguito alla perfezione.

Quando ho capito che il miracolo siamo noi stessi, la nostra mente, che il sacro, il divino risiede in noi e che non è necessario sottomettersi a nessuna religione, nessun idolo, nessun santo, io che non ho mai sentito fede per tutto ciò, non senza provare sensi di colpa, beh, è stato meraviglioso!

Ha rafforzato in me l'idea, il concetto del nostro essere unici e speciali, ho iniziato a rendermi consapevole delle grandi potenzialità racchiuse in ognuno di noi.

L'effetto placebo è lì per dimostrarcelo, per darcene un esempio, è sotto gli occhi di tutti.

Se riusciamo ad ingannare la mente con una pillola zuccherata, se ci impegnassimo un po' di più cosa succederebbe? Cosa sarebbe in grado di fare? Rifletti.

L'effetto nocebo

Ora facciamo un passo avanti. Se non vi è dubbio dell'esistenza di un effetto placebo, dobbiamo prendere coscienza del rovescio della medaglia: esiste anche un effetto nocebo, altrettanto potente e che i medici tendono a sottacere.

È l'effetto che hanno sul nostro organismo i pensieri negativi, le convinzioni malate. Siamo convinti che la pillola che abbiamo ingoiato ci guarirà a tal punto che il messaggio viene recepito dalle cellule che attivano il loro potere di guarigione nonostante la pillola sia composta solo di zucchero.

Questo è un esempio positivo, ma che fare con le credenze negative, quelle che negano la vita, che fanno resistenza, quelle che seminano dubbio, negatività, sfiducia?

Andrebbero annullate, eliminate, abbandonate. Sono macerie da togliere. Nella nostra mente dovremmo creare nuovi percorsi neurali e non insistere su vecchie e logore sinapsi. Dovremmo fare piazza pulita in modo da non aver nulla a cui restare aggrappati.

Certo non è facile. Per abbandonare le proprie convinzioni ci vuole coraggio perché esse sono sedimentate strato su strato, ci abbiamo convissuto a lungo. Però, si può fare!

Sarà capitato anche a te di cambiare idea, convinzione. Ti sarà capitato di fare una cosa che magari temevi, poi voltarti e dire: "Pensavo che fosse così, invece…" e da quel momento cambi, sostituisci una convinzione con un'altra.

Cambiare idea, rompere i tuoi vecchi schemi è necessario per ottenere un cambiamento in qualsiasi ambito della tua esistenza,

per far funzionare, fluire liberamente l'intero processo della legge di attrazione, per far emergere la tua vera natura, far esplodere il tuo innato potenziale, per evolvere.

Ecco cosa afferma Osho:

"E cosa resta quando tutte le credenze sono svanite? Diventi semplicemente uno specchio che riflette tutti gli umori e i diversi stati d'animo della vita: arriva l'estate e tu sei l'estate, arriva l'inverno e tu diventi l'inverno, di giorno rifletti la luce e di notte l'oscurità... Questo è ciò che io chiamo totalità, e vivere nella totalità significa vivere nel divino!"

Questa citazione mi piace, la trovo molto poetica.

Più pratico è invece l'approccio di Gregg Braden che nel suo libro "*La guarigione spontanea delle credenze*" ci illumina su come fare a spezzare il paradigma di quelle false. Ho trovato il suo suggerimento molto interessante e te lo riassumo brevemente.

Il succo è quello di non mettersi in una posizione di conflitto tra convinzioni limitanti e non, ma di accettarle.

Per Braden la madre, la fonte di tutte le credenze, siano esse negative o positive, è strettamente connaturata al tipo di rapporto che ognuno di noi ha con le forze del bene e del male che governano il mondo. Occorre guarire, sanare, riequilibrare e ridefinire questa nostra intima visione.

Chiediti: come percepisco il bene e il male, il maschile e il femminile, il bello e il brutto, il migliore e il peggiore, l'amore e l'odio, l'angelo e il diavolo?

Se li vedi in eterna lotta tra loro, dove uno deve per forza sopraffare ed escludere l'altro, dentro te vivi in una continua tensione, in un continuo stato di allerta. Allora, che fare?

Non si tratta di negarne l'esistenza, ma di non percepirli più come lotta, conflitto, battaglia. Non avere l'ansia di schierarsi da una parte o dall'altra, perché schierarsi significa essere ancora incatenati a quelle credenze ed attirare, alimentare conflitti nella tua vita.

Voglio ora raccontarti un piccolo aneddoto.

Conosco una persona che ha una credenza molto limitante: è convinta dell'esistenza non tanto del male, ma quanto del diavolo. Lo vede dappertutto. È, come afferma Braden, sempre in allerta. Se ad esempio le racconto che pratico delle meditazioni guidate, si allarma, mi mette in guardia dal fatto che potrebbero "impiantarmi" programmi malefici, che il male, il diavolo, è sempre dietro l'angolo!

Naturalmente io, che non percepisco assolutamente questa minaccia, ogni volta ci rido su e continuo a godere di ottime meditazioni guidate!

Posizionati fuori dal terreno di guerra

Occorre sospendere il giudizio. Prendere atto dell'esistenza degli opposti e cercare di fondere il bene e il male in un'unica forza perché entrambi sono necessari per evolverci, per progredire. Accettarle, sposare una posizione neutrale, non lasciarsi agganciare e porsi fuori dal terreno di guerra.

Voglio che tu rifletta su quest'ultima frase: porsi fuori dal terreno di guerra.

Ti faccio un esempio di cui molto spesso non ne siamo consapevoli.

Restiamo in tema di guerra, conflitto. Di questi scenari ne è pieno il mondo e sempre ne sarà. Spesso si scende in piazza, in strada per manifestare tutto il proprio dissenso contro qualsiasi cosa. È questo il punto. Si manifesta sempre contro.

Si va ed ognuno vi scarica la propria rabbia, la propria frustrazione. Il clima è teso, immagina che tipo di energia c'è nell'aria.

Ora prova ad immaginare cosa succederebbe se scendessi a manifestare non contro la guerra. Esci da quel terreno, ti poni fuori e sfili a favore della pace. Lo stato d'animo ti sembra lo stesso? Riesci a immaginare le diverse, opposte energie che si sprigionano?

Ti racconto cosa mi è capitato.

Qualche anno fa, mio figlio e altri due ragazzini, allora di quindici anni, sono stati, prima testimoni involontari di un atto di bullismo e, subito dopo, vittime loro stessi, della vendetta del bulletto di cui sopra.

In poche parole, sono stati ingiustamente puniti con due note disciplinari e con il sei in condotta nel primo quadrimestre.

Ora l'ingiustizia subita è stata talmente grande che i genitori degli altri due ragazzini sono scesi nell'arena, entrati nel territorio di guerra.

I genitori di uno, esigevano dal preside il rilascio del nulla osta per toglierlo immediatamente da quella scuola e traferirlo in un'altra. Quelli dell'altro, minacciavano di chiamare i giornalisti e diffondere l'accaduto su tutti i giornali.

Son stati giorni pesanti. Telefonate, riunioni, rabbia, delusione, pianti, potrai immaginare. Tutti che cercavano di coinvolgermi, di tirarmi dentro l'arena, di supplicare l'intervento di avvocati e psicologi.

Non è stato facile, ma ho scelto di restare fuori, di non alimentare tutta quell'energia negativa, quel malessere che poi si sarebbe scaricato inevitabilmente ancora su mio figlio. Non ho rinunciato a difenderlo, come mi hanno accusata, l'ho difeso scegliendo un'altra via, fuori dalla tempesta emotiva, dalla rabbia.

Ho spiegato con calma, ma ferma e decisa, il mio punto di vista al preside, ed ho fatto capire a mio figlio che l'unica arma che aveva per riscattarsi, era quella dell'impegno. Solo con quello poteva dimostrare quanto valesse e uscire a testa alta da quella scuola facendo tesoro di quell'esperienza.

Così è stato: si è diplomato con un bel nove e la sua più grande soddisfazione è stata quella di essere chiamato personalmente nell'ufficio del preside, per ricevere un premio ed una stretta di mano, per aver partecipato con ottimi risultati ai giochi matematici.

Quanta sofferenza, angoscia, risentimento, conflitti inutili avrei messo in circolo se mi fossi fatta trascinare dagli altri genitori?

Si vince anche senza lottare, senza impugnare la lancia. Si vince accettando l'ingiustizia, combattendola sul terreno della pace.

Ecco cosa intende Braden: non lasciarsi agganciare, non porsi in una condizione di continua, eterna lotta.

Trovo questo suo suggerimento molto saggio, un modo per liberarsi dei limiti imposti da certe convinzioni.

Le catene delle false credenze si possono spezzare, i blocchi si possono sciogliere, i pensieri si possono cambiare, è questa la bella notizia!

Ecco il messaggio di Gregg Braden:

"Le nostre credenze hanno tutto il potere che ci serve per fare tutti i cambiamenti che scegliamo: il potere di inviare istruzioni guaritrici al nostro sistema immunitario, alle cellule staminali e al DNA; quello di porre fine alla violenza nelle nostre case e comunità o in intere aree geografiche, e quello di guarire le nostre ferite più profonde, di dar vita alle nostre gioie più grandi e, letteralmente di creare la nostra realtà quotidiana. Attraverso le nostre credenze abbiamo il dono della singola forza più potente dell'universo: la capacità di cambiare la nostra vita, il nostro corpo e il mondo, per nostra scelta."

Bene, ti lascio tutto il tempo di riflettere. Prima però ricapitoliamo insieme i punti fondamentali.

- Le tue credenze, le tue convinzioni sono il più grande nodo, il blocco, l'ostacolo principale che fa sì che la legge di attrazione non funzioni come vorresti.
- Pensiero dopo pensiero nasce una convinzione, ma è l'emozione che dà forza, vita al pensiero, altrimenti rimane sterile, inerte.
- L'effetto placebo guarisce un terzo di tutte le malattie.
- Esiste anche un effetto nocebo ed è l'effetto che hanno sul nostro organismo i pensieri negativi, le convinzioni malate.

- Cambiare idea, rompere i tuoi vecchi schemi è necessario per ottenere un cambiamento in qualsiasi ambito della tua esistenza.
- Non porre il bene e il male in lotta tra loro, posizionati fuori dal terreno di guerra.
- Le tue credenze hanno tutto il potere che ti serve per fare tutti i cambiamenti che scegli.

***

Complimenti! Sei arrivato alla fine del secondo passo e ora non ti resta che essere consapevole che anche tu sei cresciuto con una convinzione errata: quello che pensi non ha nulla a che fare con la tua realtà, con quello che ogni giorno ti capita.

In verità i pensieri influiscono pesantemente sulla qualità della tua vita, in modo profondo.

Se capisci, se comprendi bene questo, se non ti fermi alla conoscenza, al sapere e basta, ma farai tue tutte le preziose informazioni che ti ho dato fin qui e che ti darò, saprai come cambiare e creare la vita che vuoi.

Io ti darò tutti gli strumenti che ti servono. Sei pronto? Ti aspetto nel capitolo undici, il primo del terzo passo, tutto, o quasi, dedicato alla pratica.

In pratica

→ Inizia in modo graduale a non creare conflitti dentro e fuori di te. Chiediti, se ti stai accanendo e lottando per una buona e sacrosanta causa, se sei nel terreno di lotta, di guerra o se lo stai facendo fuori.

→ Se ti scopri sul piede di guerra, fai uno sforzo e domandati se c'è un altro modo per vincere.

Buona riflessione!

PASSO NUMERO TRE

APPLICARE.

Dentro il meccanismo
Come cambiare vita in cinque fasi

"Se desiderate eliminare la paura concentratevi sul coraggio. Se desiderate eliminare la mancanza concentratevi sull'abbondanza. Se desiderate eliminare la malattia concentratevi sulla salute."

Charles Haanel

Capitolo undici

Espandi il tuo mondo attraverso i desideri e la visione

Complimenti!

Voglio congratularmi con te per aver concluso i due passi ed essere arrivato fino qui!

Per quanto possa essere stato faticoso, ti dico che sei avanti anni luce rispetto a chi si avvicina alla legge di attrazione senza il dovuto bagaglio di conoscenze che ti ho trasmesso e che hai appreso durante il percorso.

A questo punto sarai ben disposto, preparato, avrai ben compreso e soprattutto ti sarai guadagnato la consapevolezza dell'enorme potenziale racchiuso nella tua mente. La tua vita sta cambiando.

Il viaggio non è ancora terminato. Ti aspetta un ultimo passo, il terzo. Ora è il momento di entrare nel meccanismo puro, di passare dalla teoria alla pratica.

Come schiacciare l'interruttore in maniera consapevole?

La legge di attrazione è già in atto, sta già lavorando per te da sempre, ma d'ora in poi, se lo vuoi, se te lo permetterai, sarai in grado di decidere tu quale rotta dare alla tua vita. Sei pronto? Sei emozionato? Cominciamo.

Le cose che potrai fare in termini pratici sono veramente tante, io ti propongo un processo che si articola in cinque fasi, cinque momenti ben distinti.

1. Desidera.
2. Visualizza.
3. Chiedi.
4. Credici.
5. Lascia andare.

In questo capitolo ci occuperemo delle prime due fasi. T'insegnerò a desiderare e a veder i tuoi sogni, sì proprio così, a vederli all'opera.

1. DESIDERA

Incomincia con il focalizzarti sui desideri, desideri di qualsiasi tipo in merito a ciò che vuoi essere, a ciò che vuoi fare, a ciò che vuoi avere o solo ad uno stato d'animo che vuoi raggiungere. Non porti freni, i desideri sono infiniti.

Il desiderio è un anelito, una spinta, è un guardare oltre, un sollevare, distogliere lo sguardo da dove siamo ora e portarlo oltre. È un ottimo inizio.

Non è male avere desideri, ma naturale. È attraverso essi che il mondo progredisce, si espande. Il desiderio non va confuso con l'avidità che è un'altra cosa.

Non avere sensi di colpa. Accetta il loro fluire in modo sereno perché con loro arriveranno nuove intuizioni, nuove idee ed una sensazione di benessere e prosperità.

Fa' in modo che i tuoi desideri siano innanzi tutto chiari e ben definiti

Devi avere tu stesso per primo, bene in mente ciò che vuoi raggiungere, ottenere. Sembra ovvio, ma molti sanno benissimo ciò che non vogliono e hanno idee confuse sulle proprie aspirazioni. Va benissimo partire anche da quei non voglio, solo però per prenderne atto e correggere subito dopo, la rotta.

Aspetta, prima di stendere la tua lista dei desideri, ci sono cinque preziose regole che devi conoscere.

Impara a desiderare. Le cinque regole

Ci sono cinque regole precise da rispettare che ti anticipo già in questa fase e che è bene che tu segua e tenga bene in mente fin d'ora, per una corretta impostazione e per non incorrere in errori e delusioni.

1. Non usare la parola "non" e tutte le altre negazioni perché come ti ho già detto, il subconscio non usa e quindi non comprende il linguaggio delle parole, ma quello delle emozioni.
Mettiti sempre al sole, in una posizione positiva anche se in questa fase stai solo iniziando a pensare ai tuoi desideri.
Non dire "vorrei non avere mai il cancro", bensì "voglio godere sempre di ottima salute".
Oppure, non dire "vorrei non essere inconcludente" ma "voglio portare a termine con gioia tutto ciò che inizio".
Le parole che usi sono fondamentali, sono messaggi ben precisi che invii al tuo subconscio, sii consapevole di questo e sarai già in ottima posizione.

2. Chiedi solo per te stesso. Ti confesso che quando venni a conoscenza di questa regola rimasi delusa, provai un senso di frustrazione e mi ci volle un po' per metabolizzarla.
Ti faccio un esempio. A prima vista non ci troveresti nulla di strano nel desiderare che un tuo caro si decidesse a mettersi in dieta, dato che è decisamente sovrappeso ed ha anche disturbi cardiovascolari.
La tua richiesta così formulata, cadrebbe nel vuoto perché si scontrerebbe in modo inevitabile con il libero arbitrio, le convinzioni, le paure, la storia dell'altro che ha un percorso di vita diverso dal tuo.
Lui potrebbe non avere in quel momento nessuna voglia di mettersi a dieta. Credimi, ci sono persone che non vogliono essere aiutate, che a livello inconscio non vogliono essere guarite.
Non tutto però è perduto. Tu puoi far altro.

165

Puoi desiderare di fare in modo di far qualcosa di buono per quella persona, di fare tutto ciò che è nelle tue mani, ma l'ultima parola aspetta sempre e comunque all'altro. Non dimenticarlo.

Ovviamente lo stesso vale anche nel campo delle relazioni amorose. Non chiedere di sposarti o di uscire con xx, ma di incontrare la persona che ti renda felice.

La legge di attrazione non è magia, non prepara pozioni magiche. Se proprio non riesci a rinunciare ad una persona, desidera, chiedi che ti venga data la possibilità di fare il meglio affinché il rapporto migliori. Non puoi far altro di più, non puoi forzare, manipolare il libero arbitrio degli altri.

Riassumendo, chiedi solo per te, solo tu sai ciò che ti emoziona. Cerca in primo luogo di rendere felice te stesso, non cercare di rendere felici gli altri. Loro, come te, hanno tutte le potenzialità per esserlo.

3. Se desideri diventare più ricco, non desiderare delle cifre esatte

Su questo punto non tutti sono d'accordo. Alcuni consigliano addirittura di pensare, scrivere la cifra precisa che si intende materializzare.

Io sono propensa di non focalizzarti sulla quantità del denaro, sul numero, bensì su tutto ciò che potresti, desidereresti comprare se avessi quella cifra a disposizione.

Non desiderare di voler guadagnare diecimila euro al mese, desidera una Ferrari, o di poter fare in un anno il giro del mondo. Pensare alla cifra è troppo astratto e freddo, non ti coinvolge emotivamente, manca il carburante, manca l'emozione. Pensare a come sarebbe lanciare una Ferrari, soprattutto se sei un uomo, sì!

4. Evita di fare paragoni

Non desiderare di essere proprio come Tizio o Caio, potresti attirarti tutto ciò di lui che non si vede: paure, manie, cattive abitudini. Rischi inoltre di entrare nell'emozione dell'invidia, anche se una sana ammirazione è comunque un qualcosa da cui partire e non guasta. L'importante è che il desiderio sia tuo, cucito su te, sulle tue personalissime emozioni.

5. Non dar vita a desideri lunghi, arzigogolati. Fa' che siano precisi, concisi, in una parola: chiari.

Puoi iniziare di scegliere ripetutamente durante la giornata pensieri del tipo: "sarebbe bello che..." "mi piacerebbe..." "voglio che..." Il resto lo aggiungi tu.

Immagina come vorresti si risolvesse quella data situazione che ti preoccupa se avessi sul serio in mano la lampada di Aladino o la bacchetta magica.

Pensa a quanto sarebbe bello trascorrere una fantastica vacanza nel luogo dei tuoi sogni, anche se non hai un soldo o tempo per potertela permettere.

Immagina. Visualizza tutti i dettagli, sogna! Bravo! Sei già entrato nella fase due.

2. VISUALIZZA

Vorrei soffermarmi un momento su questo aspetto. Sono stati scritti libri su libri sulle tecniche di visualizzazione. So che può sembrarti sciocco, infantile, ma in realtà è molto importante e ti spiego perché.

Gli scienziati hanno scoperto e dimostrato che il nostro cervello non sa distinguere se un'emozione che si è scatenata in noi sia frutto di un'esperienza vissuta realmente in quel momento o immaginata.

Per il cervello, finzione o realtà non fa nessuna differenza: rilascia le stesse sostanze chimiche, si attivano le stesse reti neurali, invia gli stessi messaggi, gli stessi comandi a tutto il corpo che risponde, reagisce.

Gli ordini vengono recepiti anche dal subconscio che ti ricordo ci guida, che ci faccia piacere o no, per il 95% dei casi e si attiva inviandoti nuove intuizioni, nuove idee, predisponendoti a compiere i giusti passi verso la direzione da te immaginata.

È dunque importante, fondamentale che tu ti veda e ti senta in quel determinato modo prima ancora di esserlo.

Se il tuo desiderio è aprire una pasticceria, immaginati già nel tuo laboratorio, immagina come dovrebbe essere il tuo negozio, le vetrine colme di decine di dolcetti e torte colorate.

Immagina le persone in fila o sedute ai tavolini a sorseggiare del the e gustare le tue prelibatezze. Sentiti già lì, senti la soddisfazione, il piacere che ti deriva nel coccolare i tuoi clienti, raccogliere le loro ordinazioni. Assapora ogni emozione positiva che ne deriva. Sono sicura che ti ritroverai a sorridere e a goderne in anticipo. Devi goderne!

Non lasciare il minimo spazio alle preoccupazioni che dovrai affrontare per arrivare fin lì e tanto meno all'aspetto finanziario. Ora, in questo momento, in questa fase, il tuo cervello, la parte non cosciente, deve ricevere ordini, impulsi totalmente puri, liberi da qualsiasi pensiero negativo, da qualsiasi interferenza.

Il come, in che modo, il quando, ti verrà indicato strada facendo in una maniera che ti sorprenderà e ciò che più è affascinante, è che sarai tu e nessun altro, l'artefice.

Inizierai a vivere eventi sincronici, coincidenze. Farai attenzione, sarai attirato da articoli, libri, post, notizie, persone, che ti consegneranno su un piatto d'argento, le risposte alle tue domande, ai tuoi desideri.

Riuscirai a vedere soluzioni laddove prima vedevi solo buio, non perché non ci fossero: le soluzioni sono sempre state lì a portata di mano, solo che la tua mente conscia che ti governa solo per il 5%, non te le segnalava. Ti faccio un piccolo esempio pratico.

Quando scoprii e mi avvicinai alla legge di attrazione, iniziai anche a fare i primi esercizi pur non sapendo bene come funzionasse tutto il meccanismo. Mi fu chiesto di tenere un quaderno e di scrivere, fare un elenco di tutto ciò che desideravo. Tra i vari desideri annotai che avrei voluto vivere 120 anni.

Fu un desiderio che buttai là così, senza pensarci tanto e meno che meno pensai a cosa avrei dovuto fare per raggiungere un tale risultato. Se è l'Universo a provvedere, mi dicevo, che provveda pure!

Prima di continuare voglio premettere che non sono mai stata una persona *"fitness"*, che non mi sono mai preoccupata più di tanto del cibo che mangiavo, che essendo di costituzione magra e molto pigra, non ho mai praticato sport e tantomeno frequentato palestre.

Nonostante non ci pensai più a livello cosciente, il messaggio era stato comunque preso in consegna dalla parte subconscia e di lì a poco, con una modalità che non so dirti, mi ritrovai una sera a leggere su internet, con molto interesse, degli articoli sugli straordinari effetti della melatonina nel rallentare l'invecchiamento e prevenire brutte malattie come il cancro.

C'è di più. Ero capitata proprio sul sito del massimo esperto, il medico Walter Pierpaoli e autore di diversi libri in merito. Inutile dire che comprai, lessi i suoi libri e che da allora assumo regolarmente la melatonina.

Non finì lì. Con il passar del tempo acquistai una maggiore consapevolezza dello stretto rapporto che c'è tra salute e ciò che mangiavo, e questo mi spinse ad adottare un regime alimentare sano, seguendo un programma di cui sono venuta a conoscenza *"per caso"* sul web.

Programma che io ritengo essere il top in Italia per la completezza, la professionalità e la passione, l'onestà di chi lo ha messo a punto.

La storia continua. Il programma mi ha cambiata e mi sta cambiando la vita! Mi sta regalando opportunità, mi si stanno aprendo porte, strade, esperienze che mai, quel giorno che scrissi quel desiderio, mai avrei immaginato.

Ora non so se vivrò 120 anni, ma so che sto bene, non soffro di tutti quegli acciacchi tipici di una donna di mezza età, mi sento piena di energia e sento dirmi spessissimo: *"Ma tu invece di invecchiare, ringiovanisci?"*

Ecco gli effetti di un pensiero positivo, di un desiderio, un'immagine pura, libera da preoccupazioni, ansie. Quando dopo anni ho riaperto il quaderno e riletto quel desiderio, oggi che torno a scriverne, mi vengono i brividi nel vedere come io stessa ho preso decisioni, fatto scelte che mai prima avrei pensato di fare.

Sono sorpresa di come io stessa nel tempo, abbia fatto i passi giusti, guidata dal mio subconscio in modo naturale, facile, consapevole, ovvio. Ancora una volta ti ricordo che là fuori non c'è nulla, che le risposte sono tutte dentro di te. Vi potrai accedere in maniera facile e poi, voltandoti in dietro, ti sorprenderà. È questo il potere, la meraviglia della nostra mente. Ci tenevo a darti un esempio di come l'intero meccanismo funziona quando ci nutriamo di buoni pensieri e di farti prendere coscienza di come osare, immaginare, visualizzare sia tutt'altro che un gioco ingenuo o sciocco.

Ritorniamo ora alla fase della visualizzazione con un ultimo suggerimento.

In questa fase è importante comprendere che non devi compiacere nessuno se non te stesso. Pensa, concentrati solo sulla tua felicità perché solo quando stai bene, quando sei pienamente soddisfatto, sereno, irradi gioia, benessere e chi ti sta intorno lo sente, lo vede. Solo se agisci secondo il tuo vero essere non sbaglierai mai.

Devi permettere alla tua vera essenza, alla tua scintilla divina, di splendere in te, libera, senza intoppi, senza blocchi, sempre, in ogni campo della tua vita.

Voglio sottolineare questo concetto portandoti un altro esempio, una storia vera di cui sono stata e sono testimone.

Incontro un amico di vecchia data. Mi racconta di come abbia raggiunto un'ottima posizione all'interno di una società piuttosto famosa in Italia. Il suo stipendio è piuttosto alto. Mi congratulo con lui e immagino la serenità, la tranquillità regnare nella sua famiglia.

Lui invece mi confida che è stanco, stufo di stare in azienda, che vorrebbe mollare tutto. "*Sai qual è il mio sogno? Fare il bagnino! Ma come posso rinunciare a quello stipendio? Ho una famiglia da mantenere. Così vado avanti, tiro avanti, da anni.*"

171

Il suo desiderio era così forte che ecco la strada che ha percorso per materializzarsi. Premetto che il mio amico non sa nulla della legge di attrazione, ma questa ha fatto, nel bene e nel male, inesorabilmente il suo corso.

È sopraggiunta la crisi economica, è stato licenziato e mi racconta che non sta lavorando da diverso tempo. Non solo, ha rifiutato con coraggio incarichi da dirigente d'azienda, determinato a non scendere ancora a compromessi con se stesso.

Nel frattempo un uomo che gestisce gli ombrelloni dello stabilimento balneare che lui è solito frequentare, gli confida che è stanco e che è giunta l'ora che si ritiri in pensione. Il mio amico coglie la palla al balzo e si offre con entusiasmo di gestirli lui, ma l'anziano non cede, lo tiene sulla corda per almeno due anni.

Lo rincontro l'anno successivo, d'estate e scopro che tutte le mattine dalle sei alle otto, porta via i sacchi d'immondizia di quello stabilimento per poche decine di euro, nonostante l'anziano ancora non si decida ad andare in pensione.

Le stagioni passano, l'anziano signore non molla. A mollare invece sono i gestori del bar dello stabilimento, che hanno subito pensato di contattare il mio amico per fargli un'allettante proposta.

Voglio sottolineare che in tutti quegli anni, il mio amico ha rifiutato ruoli decisamente più prestigiosi, mentre si è offerto con entusiasmo di vestire i panni del netturbino, perché aveva ben in mente quale fosse il suo sogno e quello era un modo per cullarlo, per mantenerlo vivo.

Si sarebbe accontentato di gestire gli ombrelloni, ma si è attirato qualcosa di potenzialmente più grande a cui non aveva mai pensato.

Ho scelto di raccontarti questa storia perché è emblematica nel bene e nel male.

Nel male perché il percorso è stato difficile e doloroso. È un perfetto esempio di come la legge funziona, di quello che può accadere quando ci si allontana troppo dalla propria indole, quando si è sordi ai richiami della nostra anima, quando si è tutt'altro che allineati.

La nostra vera essenza deve comunque emergere e se non siamo noi ad ascoltarla, sarà lei a farsi sentire, ad obbligarci a farlo. Nel caso del mio amico è stato il licenziamento, ma poteva andargli peggio: una brutta malattia, un grave incidente. Un qualcosa di forte, insomma che ci obblighi forzatamente a fermarci, riflettere e rimettere in discussione tutta la nostra vita.

Nel bene perché il licenziamento è stata la sua fortuna, e perché non si è lasciato andare al vittimismo, all'autocommiserazione, alla fine è stato premiato.

Ora dopo aver desiderato, avere visualizzato, sei pronto per passare alla terza fase, non prima di riassumerti le prime due fasi e i concetti più importanti.

1. DESIDERA. Le cinque regole:

1. Non usare la parola "non"
2. Chiedi solo per te stesso
3. Se desideri diventare più ricco, non desiderare delle cifre esatte
4. Evita di fare paragoni
5. Non dar vita a desideri lunghi, arzigogolati

Fa' in modo che i tuoi desideri siano innanzi tutto chiari e ben definiti.

2. VISUALIZZA

È importante, fondamentale che tu ti veda e ti senta in quel determinato modo prima ancora di esserlo.

Ora sei pronto per la parte pratica.

In pratica

La lista dei desideri può aspettare.

Per il momento inizia a concentrarti, a porre la tua attenzione su come vorresti che si risolvessero certe situazioni che ti preoccupano.

Dividile per ambiti: relazioni (figli, marito, moglie, colleghi, genitori), economico finanziario, salute, divertimento, lavoro, carriera eccetera.

Se non hai nessun cruccio, divertiti a pensare di veder migliorare la tua vita in ogni campo.

→ Inizia i tuoi pensieri con: "sarebbe bello se…"

"mi piacerebbe che…"

"immagina che forte se…"

→ Visualizza poi tutti i dettagli che vuoi e mettici l'anima!

Se vuoi puoi anche scrivere. La scrittura è più potente del pensiero, ma se non ami farlo, pensare è più che sufficiente.

Buon divertimento! Ti aspetto nel prossimo capitolo, dove ti svelerò tutti i segreti per chiedere in modo corretto.

"Quali che siano le cose che voi desiderate, per le quali pregate, siate convinti di riceverle ed esse saranno vostre."

Marco 11,24

Capitolo dodici

Chiedi e ti sarà dato

Bene, sei giunto alla terza fase. Ti stai divertendo? Ti stai godendo il viaggio? Hai iniziato a metterti al sole, ad uscire da quel cono d'ombra che ti rende miope e non ti permette di vedere una soluzione degna ai tuoi crucci?

Stai immaginando, inventando quella soluzione, quella dei tuoi sogni, quella che meriti, la migliore in assoluto per te?

Dopo aver desiderato ed immaginato è giunto il momento di chiedere. Questa terza fase, è una fase molto delicata, è qui che cadono in molti semplicemente perché non sanno. Credimi, è uno snodo molto importante.

Ti consiglio di avere ben in mente le cinque regole del desiderio, quelle non dovresti dimenticarle più! Seguimi perché ancora una volta sarà sufficiente fare un cambio di prospettiva per ottenere ottimi risultati. Iniziamo!

Chiedere non è scontato come sembra

Quando chiediamo lo facciamo con una modalità, un approccio totalmente errato. Si chiede aiuto, invocando Dio, il Signore, l'Universo, non ha alcuna importanza, con uno stato d'animo in cui prevale la privazione, la necessità, il bisogno, la disperazione. Che sia mancanza di denaro o d'amore, d'affetto o di salute, è così che preghiamo: pieni di supplica.

Così ci hanno insegnato a fare, giusto? Più si è supplici, più la nostra preghiera è ricca di fervore, più ci aspettiamo di essere ascoltati, soddisfatti, miracolati.

Sbagliato!

Tutta quella disperazione, quel senso di vuoto, di mancanza attirerà situazioni, eventi, motivi ulteriori per sentirti continuamente in quello stato.

La preghiera è altro

Osho afferma che l'atto di pregare non è come lo intendiamo noi. Non consiste nel recitare una litania mandata a memoria nelle quattro mura di una chiesa o di qualsiasi altro edificio sacro.

> Preghiera è sentirsi in armonia con la natura fuori di noi e percepirne la sacralità, la perfezione, la magia.

Pregare è stabilire un contatto, una connessione. È provare un senso di pienezza, abbondanza, gioia. È sentirsi come se si fosse già ricchi, amati ed in perfetta salute. È rendere grazie per ciò che già si ha e non un dover rigirare il coltello nella piaga. È un bene-dire, non un male-dire.

> Pregare è essere riconoscenti. È un ponte, una via per andare da dove sei ora a dove vorresti essere.

Non è necessario credere in un Dio per pregare o essere riconoscenti. Pregare è uno stato di grazia, non di supplica.

Voglio che tu rifletta su quest'ultima frase:

pregare è uno stato di grazia, non di supplica.

Se riuscirai a far tuo, a comprendere questo concetto, questo cambio di prospettiva, vedrai, sarà illuminante, come lo è stato per me, e tutto diventerà molto più facile.

Cosa fare a partire da oggi?

Ecco i primi due passi fondamentali che puoi fare per invertire la rotta e porti nella direzione giusta, ottimale. Sono due passi tanto ovvii quanto potenti, di un'efficacia straordinaria per veder accadere piccoli, grandi miracoli nella tua vita.

1. Smettila di lamentarti: del traffico, del tempo, del governo, della crisi, dei figli, del partner, dei colleghi e chi più ne ha più ne metta. La lamentela porta con sé emozioni che vibrano basse e più ti lamenti, più avrai motivi per farlo. Inoltre è uno spreco notevole di energia.

Non ti accodare, non prestare la tua voce ai cori di protesta contro la guerra, contro la mafia, non faresti altro che diffondere e attirare rabbia, impotenza, frustrazione, paura. Unisciti a chi marcia per la pace o a chi promuove iniziative a favore della legalità, sposta il focus, cambialo!

Ricordi il suggerimento di Gregg Braden? Evita il conflitto, stai fuori dal terreno di guerra.

Ti suggerisco un esempio ancora più pratico. Sui social inizia a condividere e a diffondere solo fatti, aforismi, articoli, siti, video positivi, costruttivi. Ti assicuro che ha un effetto benefico non solo su te, ma anche sugli altri.

Ecco cosa mi è successo quando ho preso l'abitudine di farlo.

Un giorno, durante un matrimonio, fui avvicinata da un'anziana amica di famiglia che non vedevo da molti anni, ma che sapevo essere tra i miei amici virtuali. È una donna di cultura, di grande coraggio che stimo molto. Mi venne incontro, mi abbracciò, mi ringraziò più e più volte ed ebbe parole così belle per me che alla fine mi ritrovai con le lacrime agli occhi per la commozione.

In breve, mi disse che ero una persona stupenda, lodava il mio modo di pensare e che era un piacere e un ottimo balsamo per lei seguirmi e leggermi su Facebook. Disse che le trasmettevo tanta forza, proprio così! Tanta forza, serenità solo con un click! Non creavo post, mi limitavo solo a condividere ciò che di positivo sentivo mio, risuonare in me, con un semplice click, appunto. Quell'abbraccio, quell'incontro, è stato veramente magico. Pensate che sarebbe stato lo stesso se avessi condiviso solo post sul nostro *"governo ladro?"* Che emozioni avrei contribuito a diffondere?

Ma non è finita lì. Poco dopo fu la volta di una zia e si ripeté la stessa scena. Non c'è che dire, fui ancora una volta piacevolmente stupita.

2. Sostituisci la lamentela con il ringraziamento. Apprezza, sii grato di ciò che hai.

Prendi un quaderno e ogni giorno appunta più motivi per cui ti senti grato. Ti accorgerai che ce ne sono un 'infinità. Per quanto sfortunato, depresso, triste tu ti senta in questa fase della vita, credimi, ci sono centinaia di motivi per sentirsi profondamente grati, primo tra tutti, quello di essere vivi.

Comincia con il ringraziare tutte i miliardi di cellule che ti tengono ogni istante in vita. Probabilmente non è un esercizio originale quello che ti sto proponendo, lo trovi in tutti i libri, manuali sulla legge di attrazione proprio perché il suo valore è enorme, è riconosciuto all'unanimità. Non sottovalutarlo! È il sesto punto chiave.

6° punto chiave

Ringrazia costantemente, vivi nella gratitudine.

Io stessa all'inizio ne ero scettica e ponevo qualche resistenza, salvo poi rendermi conto di quanto mi facesse star bene. Ti proietta sin da subito in una condizione di abbondanza, prosperità e più ti senti grato, più quel senso di abbondanza aumenta e più hai voglia di urlare: " GRAZIE!" anche solo dinnanzi ad un cielo azzurro.

Per non parlare poi della potente vibrazione emessa dal suono o solo dal pensare GRAZIE. Non per nulla in Ho'oponopono la parola è parte di un potente mantra.

Praticare la gratitudine, essere pieni di grazia, anche nelle situazioni più avverse, è la via per veder accadere miracoli.

Una mia carissima amica ha recentemente perso suo padre all'improvviso. Qualche giorno fa mi ha confidato che nonostante tutto c'era stato un aspetto positivo ed era quello di aver sentito tutto l'affetto, l'amore di suo fratello in quei giorni di lutto. Il loro rapporto ne era uscito più forte e saldo. Non solo, era certa che quello fosse stato il regalo che il padre aveva fatto loro lasciandoli. Si sentiva molto grata per questo.

Pensare in questi termini, mi ha confessato, la rasserenava, la faceva sentir molto meglio.

Ecco un modo corretto di percepire un evento negativo: vedere, cercare ciò che di buono ci ha consegnato e stare in quell'emozione, viverla, ricavarne tutto il bene che ci fa e partire da lì.

Prendi dunque un quaderno, un taccuino o crea un file sul tuo computer e scrivi, elenca i motivi per cui ti senti grato. All'inizio ti sembrerà strano, probabilmente ti troverai in difficoltà dopo aver scritto i primi tre o quattro punti, perché siamo abituati al pensiero negativo, a vedere le cose che non vanno.

Bene, è ora di invertire il senso di marcia e focalizzarti sulle tue piccole, grandi fortune, riconsiderare tutto ciò che ti circonda senza darlo per scontato.

Se hai appena pagato la rata del mutuo, non lamentarti, ringrazia due volte: la prima perché hai un tetto sopra la testa, la seconda perché hai avuto i soldi per onorare il tuo debito. Fa' la stessa cosa ogni volta che paghi le altre bollette, perché significa che hai non solo una casa, ma che essa è dotata anche di acqua corrente e magari pure calda, di energia elettrica, ecc.

Non sono cose ovvie, scontate. Nel mondo intere popolazioni non hanno tutto questo e probabilmente nella tua città ci sono persone che non riescono più nemmeno a pagare questi servizi.

Non lamentarti continuamente di ciò che non hai. Ringrazia invece per ciò che hai.

Fai questo esercizio sistematicamente per almeno ventuno giorni.

Scrivere, pensare per ventuno giorni. Perché?

Pensare, focalizzare, scrivere pensieri sani per ventuno giorni è un esercizio molto potente, ha una sua logica.

Ti spiego perché. Ci aiuta ancora una volta la neurobiologia, seguimi.

Nel cercare i motivi per cui essere grato o qualsiasi altro pensiero felice, stai innanzi tutto cambiando focus, stai ponendo la tua attenzione su pensieri ed emozioni piacevoli, stai mandando in modo conscio e consapevole, messaggi, ordini alla tua parte subconscia.

Le stai insegnando giorno dopo giorno, un nuovo modo di pensare alla quale lei si adeguerà ciecamente e lo farà in maniera meccanica dopo circa tre settimane. È questo, ci spiega la neurobiologia, il tempo necessario. Durante questo periodo hai ripetutamente creato e ricreato nuove connessioni neurali fino a che il subconscio non le accetta, le accoglie, le fissa. Non c'è nulla di magico.

A questo punto sarà lei, la mente subconscia, a prendere in gestione il corpus dei pensieri, dei comandi, in modo automatico, senza che tu ne sia più consapevole.

La serie costante e cosciente di pensieri, dopo ventuno giorni, rafforzano una credenza, creano una nuova convinzione che si traduce in un'abitudine trasformandosi poi in un automatismo.

La mente cosciente si svuota, si libera ed è pronta a pensare ad altro, mentre il subconscio che agisce in base alle esperienze ed emozioni che ha registrato, ha già cambiato rotta, si starà già sintonizzando sulle nuove frequenze, sarà già al lavoro per te.

Questo è quello che ci è successo quando abbiamo imparato a camminare, a portare correttamente, il cucchiaio alla bocca, ad andare in bicicletta, guidare, nuotare, eccetera.

Il viaggio dei pensieri negativi e le conseguenze per l'organismo

Andiamo ancora più in profondità. Vediamo cosa si scatena all'interno del nostro cervello, quando invece di praticare la gratitudine lasciamo ampio spazio alle lamentele e ai pensieri negativi.

Sappiamo che ad ogni pensiero corrisponde, è legata un'emozione. Quando generiamo pensieri negativi, depotenzianti, quando viviamo situazioni stressanti, tutte le emozioni associate, quali la paura, la rabbia, la frustrazione, vengono registrate nel sistema limbico, sotto la corteccia, precisamente nell'ipotalamo.

L'emozione, il segnale percepito, viene inviato alla ghiandola pituitaria, la ghiandola del comando che a sua volta lo invia alle ghiandole surrenali che liberano gli ormoni dello stress i quali vengono immessi nel sangue.

Il segnale dunque viene agganciato dai miliardi di ricettori presenti sulla membrana delle cellule e il messaggio, il codice di quell'emozione, viene letto anche dal DNA che produce e quindi può modificare, le proteine. Cosa significa tutto questo?

Non siamo vittime dei geni. I geni non esercitano alcun controllo. Il modo di percepire, le convinzioni, controllano la nostra biologia.

Conosci gli straordinari traguardi dell'epigenetica?

A dirlo è una nuova scienza, l'epigenetica il cui nome significa porsi al di sopra dei geni. La percezione, il modo di pensare e percepire la vita, secondo questa scienza, può riscrivere il codice genetico.

Traguardi straordinari! Scoperte non divulgate che sono rimaste a lungo nelle stanze degli uomini di scienza, informazioni preziose che non riescono ad arrivare al grande pubblico, nelle scuole.

È essenziale conoscere e questa conoscenza ci sta rivelando, te ne sarai accorto, che abbiamo, che hai, molto potere.

Ti invito caldamente a vedere su YouTube la conferenza del biologo cellulare Bruce Lipton sull'epigenetica.

Ecco il suo pensiero, la sua missione che condivido in pieno:

183

"La conoscenza è potere. Quando non disponiamo della conoscenza non abbiamo potere. Dobbiamo prendere la conoscenza che è in mano alla scienza e donarla alla gente."

Ora rifletti: che tipo di proteina produrrà il DNA se i tuoi pensieri continuano per giorni e giorni a generare emozioni quali rabbia, risentimento, astio? Che sostanze chimiche scarichi nell'organismo se sei lì che vivi e sopporti, subisci, ti angusti? Adrenalina, corticoidi, steroidi, tutti neurotrasmettitori, messaggi che partono dal cervello, che gli fanno schiacciare il pulsante della modalità "lotta o fuggi!", che dicono all'organismo che è in presenza di una situazione di pericolo, di allarme. L'organismo lo interpreta reagendo facendo fluire tutto il sangue alle braccia e alle gambe. Questo va benissimo quando siamo inseguiti da una belva feroce, andava bene all'uomo primitivo!

È in atto il sistema neurovegetativo simpatico, è l'istinto della sopravvivenza, quello per cui il nostro cervello è stato progettato, ma è dannoso quando là fuori non c'è nessun leone che ti insegue, ma una vita che si perpetua colma di stress, tenendo il tuo organismo in un continuo stato di allarme senza che tu te ne renda conto.

Ormoni come il cortisolo, provocano danni al sistema immunitario bloccandone il funzionamento. Provocano danni all'apparato digestivo perché comprimono i vasi sanguigni dell'intestino, spingendo il sangue nelle zone periferiche, nelle estremità delle braccia e delle gambe. Una scarica di adrenalina arriva ai muscoli che si contraggono e diventano doloranti. Si verificano danni al cuore, le giunture crollano.

Lo stesso avviene nel cervello dove la compressione dei vasi avviene nella parte prefrontale, sede della consapevolezza, e il sangue viene spinto nella parte posteriore. In una situazione del genere siamo meno intelligenti, non riusciamo a prendere le migliori decisioni per noi.

Quando sei arrabbiato, quando sei in preda all'emozione della rabbia, il cervello entra in stress. Tu perdi quota, non riesci ad allinearti al tuo sé superiore, il tuo cervello non è ricettivo alle energie sottili. Stai togliendo progressivamente energia dai centri vitali, blocchi la crescita delle tue cellule che non riescono sostituire quelle morte o danneggiate. Prepari il terreno per la malattia.

La neurobiologia ci dice che se in condizioni normali il cervello attiva ventimila neuroni e per comprendere ci impiega venticinque millisecondi, quando prevale la rabbia, usa mille neuroni e per comprendere ci impiega cinquecento millisecondi.

Quando siamo dominati dalla paura siamo decisamente meno intelligenti e là fuori di paura ce ne propinano molta. Ecco un dato sintomatico.

Subito dopo l'11 settembre le case farmaceutiche hanno registrato un aumento delle vendite del 20%. Dopo cinque anni sono passate ad un più 100%.

Allora, chiediti: se vivo perennemente scontento, se sono suscettibile, arrabbiato con il mondo, stressato, che probabilità avrò di ammalarmi? Alta, molto alta.

E che opportunità mai potrò vedere e cogliere per migliorare la mia vita? Bassa, molto bassa.

Che decisioni sono in grado di prendere in uno stato così? Beh, ora hai tutti gli strumenti per risponderti da solo.

Riassumendo: ad ogni pensiero corrisponde un'emozione e ad ogni emozione corrisponde un'impronta chimica, un neurotrasmettitore che circola attraverso il sangue nel nostro organismo.

Le nostre emozioni altro non sono che pure reazioni chimiche. E poi? Che fine fanno? Vengono fissate in modo permanente nel cervelletto, nella parte posteriore del cranio, sede della memoria subconscia, pronte ad essere riattivate con meccanismi di associazione di cui per la maggior parte delle volte non ne siamo consapevoli.

Mi sono dilungata su questo aspetto perché voglio che tu ti renda conto, senza essere un neurologo, del percorso, del giro che compiono i nostri pensieri.

Del perché se te ne arrivano una serie negativa, devi cercare di non farli stazionare troppo a lungo nella tua mente, liberartene sostituendoli con altri più gioiosi in modo che non vengano fissati, sedimentati a livello subconscio e che si trasformino in convinzioni, abitudini, comportamenti, invalidanti.

È normale, naturale per la nostra, tua mente partorire pensieri negativi, immaginare tutti i futuri scenari peggiori. Lo scopo primario del cervello è quello di farci stare all'erta, proteggerci da eventuali pericoli ed è per questo che elabora le informazioni a sua disposizione in base alle esperienze derivanti dal passato.

Questo è il suo meccanismo che purtroppo abbiamo standardizzato, che la mente conscia aziona anche quando non vi è per noi alcuna situazione di pericolo. Per questo non ti sembrerà sempre facile invertire e poi mantenere la rotta.

Capire come la mente conscia funziona è comunque già un bel passo avanti. Conoscere le sue debolezze ti aiuterà a mettere in atto le strategie giuste.

Immagina ...

Immagina allora cosa può accadere, quali miracolose reazioni chimiche si possano scatenare se nutri la tua mente e la tua anima con pensieri d'amore.

Immagina il beneficio che ne possano trarre tutti gli organi, soprattutto quelli malati, visto che le cellule si rinnovano completamente e ciclicamente.

Attivi il sistema parasimpatico, l'organismo è in fase di riposo. Il cervello se mediti usa ben quarantamila neuroni e comprende dopo circa dodici millisecondi.

È lo stato ideale per aprirti ad intuizioni, idee, vedere e cogliere al volo possibilità che potranno cambiare e migliorare la tua vita. Le vibrazioni di quei pensieri d'amore e di gioia non si ripercuoteranno solo all'interno del tuo corpo, del tuo essere, donandoti uno stato di benessere, si irradieranno, ed ora lo sai, contemporaneamente fuori di te.

Immagina le potenti vibrazioni emesse dal tuo cuore e dal tuo cervello e come si diffondano fuori, tutt'attorno, agganciando, intercettando, allineandoti a situazioni, persone, idee, intuizioni in linea con le tue stesse frequenze d'amore.

Tutti gli animali, le piante, comunicano attraverso le vibrazioni, le interpretano, perché noi no?

Immagina se ti sforzassi di creare con adeguati pensieri, nuove reti neurali uscendo dai confini delle tue certezze, da tutto ciò che è abitudine, routine. Mano a mano creerai nuove convinzioni costruttive, potenzianti, disattivando, staccando il bottone sinaptico da quelle depotenzianti che non alimentate perderanno tutta la loro forza.

Se vuoi cambiare vita non puoi pensare sempre allo stesso modo. Devi creare nuovi pensieri, inviare al cervello nuove informazioni.

Non aspettare che intervenga una crisi, una disgrazia, una malattia, per cambiare la tua visione del mondo. Puoi farlo in tutta serenità.

Ora sarai più consapevole, nel momento in cui ti appresterai a chiedere, di che natura dovrebbero essere i tuoi pensieri, ma prima di lasciare questa terza fase, voglio ricordarti di nuovo i punti importanti.

Quando chiedi non usare la negazione, il "non" per intenderci. Non ricorrere a frasi del tipo: " non voglio star male" o " non voglio essere povero" perché il subconscio non la decifra e inoltre rimani sempre nel negativo, in quella sensazione di malattia, di povertà. Usa al contrario frasi del tipo: "voglio essere sano, desidero essere ricco".

Le parole sano, ricco, hanno tutta un'altra percezione, un altro sapore, ti liberano, ti fanno uscire dalla bolla negativa, dal cono d'ombra e ti pongono in una posizione assolata.

Un ultimo suggerimento. Non concentrarti solo ed esclusivamente sul desiderio di beni materiali, non trascurare te stesso. Aspirare alla tua serenità, ad essere felice nel profondo della tua coscienza.

Termina qui questo capitolo un po' più lungo degli altri e molto ricco di concetti. Eccoli, te li riassumo in breve.

- Pregare è essere riconoscenti. È un ponte, una via per andare da dove sei ora a dove vorresti essere.
- Preghiera è sentirsi in armonia con la natura fuori di noi e percepirne la sacralità, la perfezione, la magia.
- Praticare la gratitudine, essere pieni di grazia, anche nelle situazioni più avverse, è la via per veder accadere miracoli.
- Non lamentarti continuamente di ciò che non hai. Ringrazia invece per ciò che hai.
- Non siamo vittime dei geni. I geni non esercitano alcun controllo. Il modo di percepire, le convinzioni, controllano la nostra biologia.
- Se vuoi cambiare vita non puoi pensare sempre allo stesso modo. Devi creare nuovi pensieri, inviare al cervello nuove informazioni.

Buona riflessione! Ti aspetto al prossimo capitolo, dove questa volta ti aiuto a credere.

In pratica
Sai già cosa fare in pratica perché ne abbiamo parlato nel capitolo. Ti riassumo brevemente.
→ Non lamentarti
→ Ringrazia
→ Prendi un quaderno e scrivi per ventuno giorni, ogni giorno, almeno cinque motivi per cui sei grato.

"Pensa in grande poi inizia dalle piccole cose."

Italo Cillo

Capitolo tredici

Credere per vedere

Complimenti per esser giunto fin qua!
Ora conosci il modo giusto di desiderare, visualizzare e chiedere.
Il cerchio sembra chiuso, ma non lo è.
Ho voluto inserire nel mio metodo altre due fasi, due step molto importanti per dar forza e rendere più efficace l'intero meccanismo. Il primo step è un vero e proprio atto di fede.
Sei pronto? Sei curioso? Iniziamo.

Non avere speranze, ma certezze!

Ebbene sì, devi credere e sentire fin dentro le tue cellule che ciò che hai chiesto si realizzi. Ne devi essere certo al cento per cento e devi comportarti, giorno dopo giorno, come se fosse tutto già fatto, realizzato.
Devi andare oltre il sentimento della speranza, non devi dire *"spero"*, la speranza è troppo debole, devi esserne certo, devi essere già là. Non aspettare di vedere il risultato per essere felice, sii felice subito, ora, è questo il segreto.

Se vuoi essere felice, devi scegliere, decidere di esserlo ogni giorno.

Siamo abituati ad essere felici per un motivo. La nostra gioia, il nostro umore è sempre una conseguenza e la causa ogni volta è altrove. Occorre spezzare questa credenza, fare un piccolo sforzo. Abituiamoci, abituati prima ad essere felice, a gioire. Fa' che l'amore, la gentilezza, la gioia diventi causa: gli effetti ti stupiranno!

Se hai iniziato a far posto nelle tue giornate alla gratitudine e svolto gli esercizi come ti ho suggerito, sarà tutto più facile raggiungere quello stato di 'grazia' e se proprio cerchi un motivo, trovalo nelle piccole cose. Senti la voglia di cantare, ballare anche solo osservando il mare, le nuvole, il vento tra gli alberi.

Credi nella tua immaginazione, educa la mente alla felicità, nutrila con pensieri, immagini di serenità e di gioia, non lasciare spazio al dubbio.

Il dubbio rovina tutto, rallenta, ti frega, ti penalizza in partenza. È come dire al tuo subconscio: "*missione impossibile*".

Il credere, l'atto di fede è necessario che sia puro, libero, sciolto da qualsiasi paura, condizionamento, convinzione limitante.

Vivi con la consapevolezza che ciò che succede dentro di te, nella tua mente è più reale di ciò che succede fuori.

Lo affermava già nel 1999 Il dottor Joe Dispenza specializzato in biochimica e neurologia, durante una conferenza tenuta a Città del Capo alla quale fu inviato come rappresentante del parlamento mondiale delle religioni.

In quella conferenza invitava tutti a costruire modelli di pensiero più grandi per fare esperienze più grandi. In poche parole, invitava a pensare in grande per vivere alla grande.

In modo particolare raccontava che, quando pensiamo o immaginiamo una data situazione, questa è per noi in quegli attimi, più reale, più vera, più vivida della realtà e di ciò che ci sta attorno in quel momento.

Siamo talmente presi da quel mondo, da quella visione che perdiamo il senso del tempo e attiviamo la nostra mente analogica, viviamo un'esperienza analogica.

Per il cervello non fa nessuna differenza: lui rilascia, scarica nel sangue neurotrasmettitori ed ormoni sia che stai immaginando, sia che stai vivendo realmente quella situazione.

Nel momento in cui immaginiamo poi, usciamo dai nostri schemi fissi, abituali, lasciamo le vecchie sinapsi (collegamenti) e attingiamo, sollecitiamo, attiviamo quella parte, quel 95% del nostro cervello inutilizzato. Costruiamo in quella zona in quel territorio nuove reti neurali.

Immaginare letteralmente significa *'in me mago agere'*: far agire il mago che è in me. È bellissimo no?

Avrai esattamente ciò in cui credi, ciò che sei disposto ad accogliere, a contenere, ciò che nel tuo intimo pensi di meritare.

Ritorna il nostro primo punto chiave. Ti sembrerà strano, ma molti non sono disposti a tollerare troppa felicità, troppo amore, troppa salute, troppi soldi, troppa vita. A livello subconscio sono convinti di non esserne meritevoli.

Quando ho scritto sul mio quaderno di voler vivere 120 anni, contemporaneamente ho iniziato a crederci e con spirito giocoso, quando capita il discorso, lo affermo con convinzione: " ... Tanto vivrò 120 anni!" Con mia sorpresa in molti mi rispondono: "ma chi ne ha voglia!" Allora io specifico: "guarda

che ci arriverò in salute e bella arzilla, non da moribonda!"
Niente da fare, non ne hanno voglia comunque.

Questo è sintomatico di come ci siano persone che credono di non meritarsi così tanta vita!

A livello collettivo poi siamo convinti, crediamo che potremmo vivere fino a 80/85 anni, è questo che ci dicono.

Ci crediamo così tanto che succede sul serio. Perché non cominciamo a spezzare questa credenza negativa e a credere che sia possibile vivere fino a 120- 130-150 anni, perché no? Perché non iniziamo a vederci molto anziani, ma in perfetta salute fisica e mentale? Quanta vita siamo disposti, sei disposto a tollerare?

Ti racconto un ultimo episodio e poi proseguiamo oltre.

Adoro camminare nella natura e pratico trekking. Quest'autunno ho partecipato ad un'escursione di media difficoltà, con tratti per di più in salita. Non conoscevo nessuno dei partecipanti che erano in maggioranza persone di mezza età, fatta eccezione per due o tre ragazzi sulla trentina ed un uomo dai capelli bianchissimi ma folti, magro, che a vederlo, avrebbe potuto avere una sessantina d'anni o poco più.

Era con sua moglie e nonostante indossasse un paio di scarpe con la suola di cuoio, che fece trasalire tutti quando lo notammo, lui avanzava in prima fila. Aveva un passo spedito, deciso, senza l'aiuto di bastoncini da trekking, senza ansimare, attento e prodigo di informazioni sulla flora che man mano incontravamo.

Spesso prendeva teneramente per mano la sua compagna o l'abbracciava in modo affettuoso. Quando a metà mattina decidemmo di fare una pausa per rifocillarci, fu l'unico che non mangiò nulla, affermando che non ne sentiva la necessità.

Fu solo durante il pranzo che iniziò a girare di bocca in bocca, a circolare la voce circa l'età del "*signore con i capelli bianchi*". Fu uno shock per tutti: aveva ottant'anni! Lo ripeto. Aveva, ha ottant'anni ed era talmente fuori dai nostri schemi mentali, talmente diverso da ciò che noi immaginiamo, siamo abituati a credere essere un uomo di quell'età, che ne rimanemmo piacevolmente sbalorditi, impressionati, increduli.

Tornammo a casa tutti più ricchi, più fiduciosi, più consapevoli, più pimpanti, come se la sua energia, la sua splendida voglia di vivere ci avesse contagiati.

Prova ora a indovinare che tipo di pensieri circolano nella mente di una persona così, che forza che hanno! Alla maggior parte di noi, me compresa, non verrebbe lontanamente in mente, ad ottant'a anni, di andare a fare trekking per quattro ore e con un paio di scarpe di cuoio! E senza preoccuparsi nemmeno di portarsi del cibo per un eventuale calo di zuccheri! Ma che pensieri circolano nella mente di uno così?

Osa, rompi gli schemi, alza l'asticella piano piano, comincia a vederti in un certo modo: più ricco, più sano, più giovane, più attraente e, soprattutto credici. Spassionatamente.

Pensa per esempio: *"cosa sarebbe se.... Come sarebbe la mia vita se.... Cosa farei? Cosa proverei?"* Aggiungi più dettagli possibili, vivi esperienze analogiche.

Fantasticare ad occhi aperti, visualizzare, ora lo sai, è tutt'altro che ingenuo o ridicolo! In questo modo modificherai i percorsi neurali predefiniti, creerai nuove associazioni, in poche parole starai riprogrammando il tuo cervello. È semplice. Cosa ti costa provare a pensare in modo diverso?

Sforziamoci di cambiare pensiero, creiamo una nuova associazione, diamo vita e forza a nuovi percorsi, nuove vie neurali, insistiamo, perseveriamo.

Non occorre farlo per tutta la vita. Sono sufficienti tre settimane. È in questo modo che il vecchio legame, non essendo più nutrito, si indebolisce, le sinapsi si scollegano.

Quando metti in dubbio una tua convinzione negativa, la rompi, la spezzi. L'altra, quella nuova, invece si rafforza fino a che non diventa una nuova abitudine, una sana abitudine.

Perché questo avvenga è necessario che tu ti metta in discussione. Flessibilità, no rigidità. Questo ti è richiesto.

Il pensiero poi porta sempre all'azione ed è sempre a monte. Non esiste nulla che prima non sia stato pensato. L'azione, l'agire viene dopo.

Questo che ti ho fatto è solo un esempio, ma è di fondamentale importanza che tu conosca e capisca bene il meccanismo, quanto sia facile, semplice, alla portata di tutti, ma soprattutto quanto sia potente.

Se comprendi questo ti porrai nella giusta condizione e la tua mente farà meno resistenza ogni volta che proverai a vederti, ad immaginare e sentire, a credere di essere in un modo diverso da quello che sei.

All'inizio non devi fare niente, devi solo essere, pensare di essere, sentire con tutte le tue cellule, con tutta la tua anima. Con il pensiero crei, con il pensiero distruggi.

Siamo giunti alla fine di questo capitolo e prima di passare a due divertenti esercizi, ti riassumo i concetti più importanti sui quali riflettere.

- Non avere speranze ma certezze!
- Se vuoi essere felice, devi scegliere, decidere di esserlo ogni giorno.
- Vivi con la consapevolezza che ciò che succede dentro di te, nella tua mente è più reale di ciò che succede fuori.
- Avrai esattamente ciò in cui credi.
- Rompi gli schemi, alza l'asticella piano piano, comincia a vederti in un certo modo: più ricco, più sano, più giovane, più attraente e, soprattutto credici. Spassionatamente.

In pratica

Esercizio n.1

→Caro amico ti scrivo…

Fai questo esercizio. Prendi il tuo quaderno, immagina e descrivi come ti vedi tra cinque anni. Immagina di raccontare ad un amico o ad un'amica che non ti vede da molto, come è cambiata la tua vita in questo lasso di tempo.

Fai attenzione. Immagina solo ciò che credi, che senti veramente possibile. Per fare un esempio: non scrivere di guadagnare quindicimila euro al mese e nel mentre sentire quella vocina che ti dice: "*ma quando mai!*" Aggiusta il tiro.

Lascia sedimentare ciò che hai scritto per un po' e poi ripeti l'esercizio dopo diversi mesi. Ti accorgerai se ti stai aprendo, se stai facendo spazio nel tuo contenitore.

Esercizio n. 2

→ La tua lampada di Aladino.

È arrivata l'ora della lista dei desideri!

La modalità l'ho presa in prestito da Igor Sibaldi. Ti potrebbe sembrare un esercizio un po' eccentrico e forse sciocco, ma non lo è. Se ti impegnerai, se lo farai con scrupolo, si rivelerà molto potente e ti spiegherò anche il perché.

Compra un quaderno, non uno qualsiasi, compra il più bel quaderno per te. Sceglilo con cura, sceglilo con il cuore.

Inizia ad elencarvi 150 desideri che vorresti si realizzassero. Sì, hai capito bene, 150!

Ci potrebbe voler qualche giorno o settimana.

Quando hai completato la lista, scegline 101, e lascia i restanti 49 come desideri di riserva ai quali attingerai man mano che si realizzeranno.

Ogni volta che vuoi aggiungine uno, sentilo come già realizzato, vivilo dentro come ti ho già spiegato. Prenditi il tempo che vuoi, questo è un esercizio, anzi un gioco che può durare diversi mesi, ma fallo, non ti preoccupare del il tempo. Dovrai solo stare attento alle solite cinque regole.

Noterai che dopo averne scritti un po', entrerai in crisi. È allora che dovrai spingerti oltre, desiderare di più. Non smettere mai di avere desideri, non far spegnere la loro fiammella dentro di te.

È allora, dopo aver sistemato, chiesto per te stesso, fatto il possibile per i tuoi cari, i tuoi amici, avendo ancora molti desideri a disposizione, molte carte da giocare, è allora che amplierai lo sguardo e i tuoi desideri potranno abbracciare i tuoi conoscenti, i tuoi vicini, i tuoi connazionali, l'umanità tutta.

Scoprirai delle parti inedite di te stesso e contribuirai a tenere alte le tue vibrazioni. A me è successo esattamente così e le sensazioni che provavo erano di grande serenità, pace, amore.

Anche il gesto, l'atto di scrivere è importante: ti mette direttamente in contatto con la tua parte più profonda. Igor Sibaldi consiglia poi di leggere tutti i desideri una volta al giorno per un anno.

Ecco di nuovo il concetto della costante ripetizione, del focus continuo. 365 giorni possono sembrarti eccessivi, ma così è il suo esercizio, così te l'ho proposto. Sai bene che 21 giorni sono altrettanto efficaci. È una tua scelta, scegli la modalità e l'esercizio che senti più nelle tue corde.

Ricordo che quando iniziai a compilare la mia lista, tra i primi desideri c'era quello di voler un gatto. Sono cresciuta in mezzo ai gatti, da ragazza passavo molto tempo ad osservare le loro mosse, i loro gesti, ad accarezzarli, tenerli sulle ginocchia.

Ai miei figli raccontavo spesso dei posti più strani, impensabili dove si acciambellavano per lunghe ore. Era un desiderio latente da molto tempo: volevo regalare ai miei figli le stesse emozioni. Scriverlo, metterlo nero su bianco, è significato prenderlo, dargli voce, renderlo in qualche modo reale. Avevo solo scritto che avrei desiderato un gatto, ma non avevo la più pallida idea di come e cosa fare per averlo: in fondo, era per me solo un gioco. Di lì a poco, un giorno, dopo aver fatto benzina dal solito benzinaio, non ricordo per quale motivo, fui costretta a scendere e recarmi nel suo box. Non lo faccio mai, ma quel giorno ripeto, fui costretta.

Sulla sua scrivania, in bella vista, c'era un foglio con su scritto che si regalavano gattini e sotto, un numero di telefono. Una lampadina di meraviglia mi si accese! Chiesi informazioni al gestore ma non sapeva chi avesse lasciato quell'annuncio. Telefonai e feci più di venti chilometri per raggiungere, in aperta campagna, il gentilissimo signore che regalava gattini.

Ho saputo poi che era capitato in quel benzinaio per puro caso. È così che funziona la legge di attrazione. Non ti devi preoccupare, non devi fantasticare sulle modalità, sul come le cose ti verranno date. Esse arriveranno, sicuro! Devi solo sentirle già lì. Quindi penna in pugno e vai!

Igor Sibaldi spiega come fare questo esercizio in un video su YouTube e lo fa in maniera molto ironica e divertente. Voglio sottolineare ancora una volta che lo scopo è quello di costringerti ad impegnarti, ad avere, mantenere il focus più a lungo possibile su pensieri gradevoli, a stimolarti ad uscire dal tuo solito pensare abitudinario.

Se ti avessi chiesto di elencare i tuoi tre o quattro desideri, te la saresti cavata in un attimo. Invece, alla luce di quanto detto, e di quanto ora sai, questo esercizio è un ottimo stimolo a spingerti oltre, a pensare, creare nuove reti neurali che prima o poi ti portano ad agire. Devi desiderare in grande, osare.

È ovvio che non devono essere sterili desideri della mente, ma sentiti il più possibile con la pancia. Lasciati andare, immagina, gioca, divertiti mentre lo fai, non prenderti troppo sul serio!

Quando ero lì che pensavo di inserire un gatto tra i miei desideri, non ho pensato nemmeno per un attimo ai vari problemi gestionali, mi sono concentrata sulle belle emozioni che mi avrebbe dato "*perché no?*" Mi son detta, "*lo desidero da così tanto tempo!*" Era un mio piccolo desiderio represso e ora sono molto felice che si sia realizzato. Regala tanta gioia non solo a me, ma anche ai miei figli che lo amano e lo adorano.

Ora, prima di passare alla quinta fase, ti lascio un po' di tempo per andare a vedere se vuoi il video di Igor Sibaldi. È un video piuttosto lungo, dura circa quaranta minuti, ma è un vero spasso!

"Nessuno sceglie la disfunzione, il conflitto, il dolore. Nessuno sceglie la follia. Si verificano perché in te non c'è abbastanza presenza in grado di dissolvere il passato, non c'è abbastanza luce da scaricare l'oscurità. Non sei pienamente qui."

Eckhart Tolle

Capitolo quattordici

Il momento della resa

Forza, sei ad un soffio dalla fine! Sei all'ultima fase dell'ultimo passo. Sei pronto? Allacciati le cinture, il viaggio continua!

Ora viene il bello. Ora, dopo aver desiderato, immaginato, esserti visto, sentito in un certo modo. Dopo aver chiesto, ringraziato, scritto, giocato, infine dopo averci creduto, è venuto il momento di lasciar volare via tutto, alzare le braccia al cielo e svuotarsi, liberarsi da ogni attaccamento, da ogni dipendenza, paura, preoccupazione legata al desiderio.

Non sempre questo è e sarà facile perché si hanno sempre troppe aspettative, ci si aspetta sempre qualcosa o che qualcuno faccia o si comporti nel modo in cui noi ci spettiamo che agisca. Siamo abituati ad aspettarci, quasi a pretendere lodi, premi, ricompense, non è forse così?

Spesso è così, ma non è così che funziona!

È necessario lavorare sui propri attaccamenti, abbandonare i punti di riferimento, o per meglio dire, ridimensionarli, smussarli. Fare in modo di non ancorare la nostra serenità a motivazioni, scogli esterni, ma recidere ogni dipendenza.

Cercare il più possibile di legare quella fiducia al nostro io, lo scoglio più solido che c'è stato dato in dono. Imparare a vivere ad agire senza aspettarsi continue conferme ed approvazione dagli altri. Voglio avere la pancia piatta non per piacere al tipo biondo che incrocio al bar, ma per compiacere me stessa.

Con un po' di pratica si riesce, tutto è possibile. Tu sai di quanta dipendenza soffri, sai quanti giri di corda stai intrecciando attorno a quello scoglio, ma se sei vigile, ogni volta che ti renderai conto, fai uno sforzo, immagina di allentare quella corda, di dirigere quella forza magnetica dentro di te.

Stacca quel cordone ombelicale che ti lega a quella situazione, a quella persona e legalo al tuo essere. L'energia che usi è la stessa e se la indirizzerai in te ti nutrirà, ti rafforzerà, ti donerà una forza immensa. Al contrario se continuerai a riversarla fuori, ti svuoterà.

Fai il vuoto nella mente, dunque, distaccati, dimenticati, lascia andare, con una totale fiducia che ciò che hai chiesto ti sarà dato, ti verrà consegnato quando ne avrai bisogno, quando sarà il momento.

Questa resa incondizionata non deve trascinare con sé un senso di sconfitta, di apatia, di rinuncia. Tu potrai obiettare: "*ma allora devo fermarmi totalmente, restare in panciolle, tanto ci penserà l'Universo!*" Sì e no.

Sì devi rallentare se sei un tipo super attivo, di quelli che non si fermano un minuto, che non staccano mai, ma questo non vuol dire fermarsi totalmente, smettere di fare progetti, di avere desideri. Si tratta di una resa tutta interiore.

Nella vita di tutti i giorni, fai ciò che ritieni opportuno, non vi è incompatibilità, contraddizione, perché agirai con più consapevolezza e presenza. Più sei consapevole più sarai portato a compiere azioni positive passo dopo passo. Non devi fare resistenza, non ostacolare il flusso della vita. Chiediti invece: "*Cosa posso fare ora, in questo momento?*"

Quando lasci andare, l'energia che diffondi ha una vibrazione molto alta, una vibrazione spirituale perché ti riconnetti al tuo essere profondo, alla tua vera essenza.

In poche parole rilassati e aspetta, goditi l'attesa. Non rimuginare continuamente su ciò che hai chiesto, potresti contaminarlo con un'ansia eccessiva. Sii invece euforico, pregustati sin d'ora ciò che ti arriverà, ritorna bambino, questo è il punto fondamentale. Ascolta quel bambino che è in te, dagli voce, non essere troppo rigido e serioso con te stesso, ogni tanto guardati allo specchio e fatti una bella risata!

Ecco perché devi sorridere e goderti la vita

Voglio raccontarti a tal proposito cosa mi è capitato di recente. Sono stata invitata alla cena commemorativa dei trent'anni dal diploma di maturità alla quale ho partecipato con entusiasmo. Serata piacevole, ricordi e risate nel commentare le diverse foto dell'epoca, foto di gruppo e tanti saluti finali. Fin qui niente di speciale.

Il bello è iniziato il giorno dopo quando, accendendo il telefonino scopro di far parte, a mia insaputa di un gruppo su Whatsapp chiamato nientemeno che "Mitica quinta C!" Vi lascio immaginare la mia sorpresa: "questi sono pazzi!"

Pazzi lo siamo diventati nei giorni, e nelle settimane successive, ma pazzi veramente, da legare! Si è creata, anzi ricreata in modo spontaneo, un'atmosfera goliardica, ilare, genuina e decisamente infantile!

Il nostro spirito, il nostro bambino interiore è ancora vivo e vegeto, è lo stesso dei nostri vent'anni ed è stato bello scoprire che non invecchia mai. Fa un piacevolissimo effetto vedere rispettabili commercialisti, uomini d'affari, insegnanti, assicuratori, donne in carriera, riuniti attorno ad un salotto virtuale, deporre convenzioni, formalità e lasciarsi andare, far emergere intatta la parte giocosa.

È con loro e grazie a loro che sono ritornata a farmi delle grasse risate, quelle dove con una mano ti tieni la pancia e con l'altra ti asciughi le lacrime e poco importa se mi ritrovo a ridere da sola sul divano con i figli adolescenti che mi guardano impietositi: *"Mamma... Siete ridicola!"*

Ricordati ogni tanto di non prenderti troppo sul serio! Il tuo corpo, la tua anima, l'Universo tutto, ringrazieranno.

Lascia andare tutte le tue richieste e segui la corrente della vita, non porre resistenza con continui inutili preoccupazioni. Non devi far altro. Devi ancora una volta essere. Essere calmo, paziente, fiducioso, grato, rilassato per permettere al tuo cervello di generare onde alfa e sintonizzarsi sulle giuste frequenze.

È il momento questo della resa, della resa consapevole che non ha niente a che vedere con la resa che segue la sconfitta, la rinuncia.

Attendere, aspettare, non far nulla, rilassarsi, godersi la vita, sorridere, divertiti è, lo ripeto, esattamente quello che devi fare, è la condizione ottimale per aprirti alle energie positive.

Lo so che può sembrarti strano, ma solo in apparenza. Inoltre se non lasci andare rafforzi in te il senso di separazione, di distacco, di isolamento. Di conseguenza anche il corpo si irrigidisce creando tensioni muscolari in quanto non permetti all'energia di scorrere fluidamente.

Il segreto dell'essere

Giunto fin qui ti sarà ormai chiaro, attraverso la qualità, il tipo di vibrazioni che liberi fuori e dentro di te, a quali situazioni, eventi, coincidenze ti starai preparando. Come pure sai che al contrario, un continuo stato di stress, di tensione, di lavoro ininterrotto, di impegni eccessivi, ti allontanano da qualsiasi cosa tu abbia chiesto nonostante tu ti stia dando molto da fare proprio per raggiungere l'obiettivo prefissato.

Il segreto non sta nel fare, ma nell'essere, nel saper sentire.

"Ciò che senti di essere prevale su ciò che senti di voler essere, non si attira mai ciò che si vuole, si attira sempre ciò che si è consapevoli di essere", dice Neville Goddard.

Non fare, non affannarti troppo, non correre, devi essere.
Riesci ora a vedere quell'errore d'impostazione del proprio stile di vita che molti fanno? Del malinteso di fondo su cui è strutturata la nostra società occidentale? Della falsità dell'assunto più impegno, più lavoro uguale più successo?
Durante il mio percorso di studio e di conoscenza della legge di attrazione e di tutte le altre discipline che vi ruotano attorno, ho avuto modo di incontrare e conoscere diverse persone speciali, tra cui degli ottimi coach.
Proprio uno di loro che si occupa di counseling energetico finanziario, ha affermato che la prima cosa che chiede, che appura nei suoi clienti è la quantità di ore, di tempo che dedicano al riposo, al rilassamento, al silenzio, a quel far niente tanto demonizzato.
Sono in quei momenti che le idee, le intuizioni ti arrivano, si infilano, è in quegli attimi che l'inconscio ti parla. L'intuito non è fatto di logica, non arriva da quella parte della mente che usa l'esperienza. L'intuito è improvviso, serve silenzio, solitudine per manifestarsi.
Solo se rallenti la tua corsa, se riduci il tuo ritmo puoi leggere i messaggi, vedere le opportunità che la legge di attrazione porta con sé e che il più delle volte sono lì sotto i tuoi occhi. Ancora una volta non c'è nessun segreto, non c'è nessuna magia.

Rallentare è il primo dei tasselli che va posizionato e non a caso è il primo invito che ti ho fatto appena ci siamo conosciuti, sulle prime pagine di questo libro.

Come favorire il distacco

Ora perché tu possa meglio porti nella condizione ottimale per lasciar accadere le cose e saper aspettare, sospendere, distaccarsi, è necessario nel rallentare. È necessario che tu prenda contemporaneamente coscienza, con tutti i cinque sensi, di tutto ciò che ti circonda, che accetti totalmente il presente, l'adesso, le cose così come stanno senza darne un giudizio.

Potresti iniziare ad esempio a sentire, a focalizzare la tua attenzione su quel fiotto d'aria che proprio in questo momento si infila nelle tue narici, seguirne il percorso fino a che non riesce di nuovo, e accoglierne poi un altro ed un altro ancora.

Potresti vedere come non mai il volto del tuo compagno o della tua compagna ed essere presente mentre lo fai o osservare per la prima volta le striature del pelo del tuo gatto mentre lo accarezzi.

Essere presente

Ecco un altro tassello, un altro punto fondamentale, un altro sforzo che devi compiere: praticare la presenza mentale, la concentrazione sul momento, sull'attimo, sul qui e ora.

È un concetto molto facile da capire, ma piuttosto difficile da applicare. Per prima cosa però voglio che tu sia consapevole della sua importanza, del perché è bene che tu sia il più possibile concentrato anche sul più piccolo dei gesti che tu compi ogni giorno.

La motivazione è che quando non sei qui nel presente, significa che con la mente o sei nel passato o sei nel futuro. Se sei ancora nel passato, stai elaborando le informazioni e quindi gli stimoli, le esperienze con i dubbi, e le stesse paure di sempre, con l'aggravante di riportarle, farle rivivere nel presente.

Se invece sei proiettato nel futuro, probabilmente anche lì vi starai riflettendo ansie, paure, starai immaginando foschi scenari. In questo modo alimenti solo una situazione di stallo, di resistenza, in cui non può esserci apertura, accoglienza, ma solo una chiusura.

Ti ricordo che questo modo di operare, cioè di pensare, progettare il futuro facendo ammenda delle esperienze del passato, è quello tipico della mente subconscia, ma così facendo, in questo andirivieni ti perdi il presente, il qui ed ora.

Ora sai, grazie alla legge di attrazione che il futuro lo crei, lo plasmi proprio adesso, in questo momento, attimo dopo attimo con i tuoi pensieri, le tue emozioni, il tuo sentire predominante. Ecco allora l'importanza di essere concentrato, vivere con tutti i cinque sensi ben svegli, attivi, l'importanza di fare in modo che il tuo presente sia il migliore possibile.

Devi cercare di porti al di fuori di certe emozioni, stati d'animo, stando ancorato il più possibile al presente. Se stai gustandoti un qualsiasi pasto, concentrato sul suo piacevole sapore, sulle emozioni che ti dà, non c'è posto nella tua mente per pensieri ed emozioni negative: le ansie, i dubbi, fintanto che ti godi fino in fondo una tazzina di caffè, non entrano.

Il guaio è che spessissimo beviamo, mangiamo, e siamo immersi nei nostri problemi e non sentiamo più nemmeno i sapori! Invece di essere nel presente siamo in qualche parte del passato o del futuro.

Più sei concentrato con tutti i sensi su quello che fai, più non provi sofferenza, dolore.

Se il tuo presente è difficile, duro da accettare perché è pieno di sofferenza, sappi che comunque quello è: lo devi accettare senza etichettarlo, ma solo osservarlo. Fai uno sforzo. Esso ti sembra inaccettabile perché sei ancorato o al passato o al futuro, non ci sono dubbi.

Ti faccio subito un esempio. Il risentimento, l'odio, il rimpianto, il rancore, sono tutti sentimenti legati a qualcosa che è stato, che è successo e dunque al passato: se li provi è ovvio che tu sei emozionalmente ancora là.

L'ansia, la preoccupazione, l'angoscia invece sono tutte emozioni legate a qualcosa che temi che accadrà, e dunque al futuro. In entrambi i casi tutte quelle emozioni non sono mai riconducibili al presente: in questo preciso istante non ti può succedere nulla, sei al sicuro!

Concepisci dunque la vita come un eterno presente.

Impara ad essere libero dal tempo, impara ad allontanarti dal passato e dal futuro, impara ad essere un acuto osservatore del presente.

Ci sono persone che vorrebbero essere sempre altrove o che partono con l'illusione di voler trovar se stessi. Ma per cercar se stessi non occorre andar via, fuori, lontano. Occorre partire da solo da qui. Essere grato e soddisfatto della tua realtà presente, qualsiasi essa sia, in qualsiasi ambito: economico, sociale, affettivo.

Accetta tutto com'è: onora il tuo Essere, la tua essenza, la linfa vitale che scorre, sentendone la pienezza.

Ho imparato in questi anni che non si va da nessuna parte, che non si raggiunge nessun traguardo se non si accetta, se non si è grati, se non si è ben radicati nel presente, nel punto esatto in cui ci troviamo. Una gratitudine che deve venire e dobbiamo ancora una volta sentire dal profondo del nostro cuore.

Può non essere facile, lo so bene. Devi fare uno sforzo. Se non ami il tuo lavoro e disprezzi colleghi, superiori, se ti lamenti, sappi che potrai anche trovare un nuovo impiego, ma ci saranno ad aspettarti altri colleghi e superiori che ti daranno motivo di nuove lamentele.

Ora lo sai: è la legge di attrazione, di risonanza.

Prendi atto, accetta senza lottare gli aspetti che nella tua vita non tolleri, ma poi concentrati su quelli positivi e inventa ciò che vorresti, guarda lontano!

Sentiti un po' albero, te lo ripeto: ben radicato non nei pensieri, bensì nel tuo Essere, nell' io più profondo; più giù ti spingi, più solido sarai. Essere fiero del luogo in cui sei: un bel giardino o buco nell'asfalto, solo così avrai la forza, la vitalità, l'energia giusta per protrarti alto verso il cielo, accogliere a braccia aperte ciò per cui hai desiderato, pregato, ringraziato.

Riappropriati infine della meraviglia, dello stupore, lo stesso che hanno i bambini, per vivere e godere attimi di vera beatitudine. Simili momenti sono frequenti quando sei immerso nella natura, quando, anche se solo per pochi attimi, percepisci, oltre la bellezza apparente che colpisce l'occhio, l'essenza, la sacralità, la santità del momento. Ti rendi consapevole della presenza viva seppure silenziosa di ogni cosa.

Il silenzio è condizione primaria per godere di attimi di totale presenza, di consapevolezza pura in cui si comprende che si è un tutt'uno con l'immenso.

Ti rassicuro subito. Pochissime persone al mondo sono in grado di vivere in uno stato permanente di presenza, consapevolezza pura e dunque in un continuo stato di beatitudine.

Non è necessario diventare degli asceti, si può essere presenti in mille modi: mentre lavi l'auto, mentre ti fai la doccia, mentre mangi, mentre fai una passeggiata, mentre sali le scale. È il modo di osservare e vedere il mondo che ti circonda che deve cambiare: spesso guardiamo senza vedere, ascoltiamo senza sentire.

Nella maggioranza delle persone non c'è una consapevolezza del proprio Essere, si vive e basta. Probabilmente un po' annoiati, sotto tono, pur non essendo infelici, crediamo che sia normale, spesso però ci accompagna una latente sensazione di disagio.

Essere nel qui e ora non è facile, ma nemmeno impossibile. Non c'è niente che devi capire oltre a quello che ti ho detto. Devi vivere, sentire, farne esperienza, potenziare, alzare il volume di tutti i cinque sensi, ascoltare le tue sensazioni: il caldo, il freddo, il morbido, il ruvido, tutto come se li sentissi per la prima volta. Devi collegarti, sintonizzarti con l'altra tua realtà, quella interiore e calmare la mente.

Regalati solo qualche minuto al giorno di intensa concentrazione su quello che fai, qualsiasi cosa essa sia, lascia fuori tutto e diventane semplicemente consapevole.

Ho letto testimonianze di persone che hanno vinto gli attacchi di panico rimanendo semplicemente ancorati nel presente. Gli attacchi di panico sono dati dal sopravvento della paura, una folle paura di morire che può essere allontanata con una piena consapevolezza dell'istante presente e rassicurante dove nulla, assolutamente nulla di male ti può accadere.

Man mano ti accorgerai che riuscirai ad essere "centrato" per un tempo sempre più lungo. I benefici che otterrai da questa pratica quotidiana saranno diversi:

→ Non sarai più in preda della paura e delle emozioni negative
→ Alzerai il tuo livello di energia salendo ad un livello superiore dove la negatività non può entrare perché non è in risonanza, perché vibra su una frequenza più bassa.

Di conseguenza:

→ Ti predisporrai ad attrarre e vivere circostanze favorevoli.

→ Vivrai una vita qualitativamente migliore, più consapevole, più profonda.

Bene, è tutto per questo capitolo. Il percorso si è fatto sempre più ricco, stai scendendo sempre più in profondità. Hai tutto il mio appoggio, sostegno e la mia ammirazione.

Prima di lasciarti agli esercizi ti riepilogo i concetti principali su cui riflettere.

- È venuto il momento di lasciar volare via tutto, alzare le braccia al cielo e svuotarti, liberarti da ogni attaccamento, da ogni dipendenza, paura, preoccupazione legata al desiderio.
- Ascolta quel bambino che è in te, dagli voce, non essere troppo rigido e serioso con te stesso, ogni tanto guardati allo specchio e fatti una bella risata!
- Ciò che senti di essere prevale su ciò che senti di voler essere
- Concepisci dunque la vita come un eterno presente.

In pratica

Di pratica abbiamo parlato molto nel corso del modulo. Ti riassumo brevemente:

→ Stacca quel cordone ombelicale che ti lega a quella situazione, a quella persona e legalo al tuo essere.

→ Fai il vuoto nella mente, ciò che hai chiesto ti sarà dato, ti verrà consegnato quando ne avrai bisogno, quando sarà il momento.

→ Rallenta se sei un tipo super attivo, di quelli che non si fermano un minuto, che non staccano mai.

→ Ascolta quel bambino che è in te, dagli voce, non essere troppo rigido e serioso con te stesso.

→ Sii concentrato anche sul più piccolo dei gesti che tu compi ogni giorno.

→ Impara ad allontanarti dal passato e dal futuro, impara ad essere un acuto osservatore del presente. Goditi l'attimo.

Ora è proprio tutto, ti aspetto nel prossimo capitolo dove parleremo della vera natura dei tuoi pensieri!

"Sembra che le persone abbiano la possibilità di scegliere, ma è un'illusione. Fintanto che la mente con i suoi schemi condizionati governa la tua vita, e tu sarai la tua mente, che scelta puoi avere? Nessuna."

Eckhart Tolle

Capitolo quindici

La vera natura dei pensieri

Ottimo! Il cerchio si è chiuso e tu ora conosci tutte le fasi, l'esatto meccanismo per far funzionare al meglio la legge di attrazione e puoi iniziare ad aspettarti miracoli!
Sono sicura che qualcuno te ne è già capitato!
Prima di addentrarti nel capitolo, lascia che ti riassuma le vinque fasi del terzo passo:
1. Desidera
2. Immagina
3. Chiedi
4. Credici
5. Lascia andare

La vera natura dei pensieri

Giunto ad un passo dal traguardo finale di questo viaggio, e soprattutto se avrai iniziato a mettere in pratica nella vita di tutti i giorni quanto ti ho suggerito, avrai toccato con mano quanto non sia sempre facile gestire i propri pensieri.
Per questo voglio che tu ti ferma e approfondiamo insieme, in questo capitolo, la loro vera natura. Stai per fare un ulteriore salto.

Ciò che sto per rivelarti, potrebbe destabilizzarti come ha destabilizzato me la prima volta che mi sono imbattuta in questo concetto.

Non che la seconda, terza, quarta volta sia andata poi tanto meglio. A livello intellettuale lo capivo benissimo, ma ci ho messo un po' prima di interiorizzarlo bene, prima di sentirlo e farlo mio.

C'era sempre qualcosa che mi sfuggiva, non riuscivo a coglierne l'essenza. Nel mio cervello ho dovuto creare nuove strade, nuove sinapsi: leggere e rileggere, riflettere, pormi nuove domande, abbandonare vecchie e solide convinzioni per lasciare il posto ad altre.

Spesso salire ad un livello di consapevolezza maggiore è necessario più tempo, ma una volta conquistato quel gradino non si scende più, non vorrai scendere più, desidererai solo andare più avanti.

Veniamo al punto.

Ora sai che i pensieri viaggiano, si diffondono come la luce e l'elettricità. Vibrano. Hanno potere. Quando nella tua mente si susseguono pensieri gioiosi che ti fanno sentire bene, quando sei fiducioso ed entusiasta e ti stai godendo la vita, allora è segno che stai sulla strada giusta.

Ma se non è così? Se questo non è proprio il tuo caso? Quando ti attraversa un pensiero o una serie di pensieri negativi, sai che non bisogna farli stazionare a lungo nella mente, ma liberarsene in fretta perché pensiero dopo pensiero si crea una convinzione errata e le convinzioni danno il via ad azioni che ripetute si trasformano in abitudini.

Pensieri negativi, abitudini negative, quelle che tolgono l'entusiasmo, quelle che frenano la vita, la negano, spengono quella scintilla divina che è in te.

Allora che fare quando sei invischiato, prigioniero in un groviglio di pensieri negativi? Come uscirne?

Scegli un pensiero che ti faccia sentire solo un po' meglio, poi ancora un altro e via di seguito.

Così ti posizioni su una scala vibrazionale sempre più alta e ti sganci da quel tipo di pensieri depotenzianti.
Questo è ciò che puoi, anzi devi fare in pratica, ed ora ti spiego il perché. Scendiamo più in profondità.

La Mente mente

Veniamo continuamente ingannati dalla nostra stessa mente: è lei a creare pensieri e stati d'animo negativi, è nella sua stessa natura.
Il suo unico scopo è garantirci la sopravvivenza, proteggerci dai pericoli, metterci in guardia, prospettandoci tutte le possibili situazioni spiacevoli che potrebbero capitarci. Tende ad ingigantire le paure, i problemi, le preoccupazioni.
Ecco perché siamo maggiormente predisposti al pessimismo, a vedere le cose in un certo modo e perché si fa più fatica a vederle sotto una luce più luminosa, ottimista.
A tutto ci si abitua: una triste verità.
Quando si è presi in un vortice di brutti pensieri e di cupe emozioni da diverso tempo, per uscirne, per invertire la rotta, non è la mente che dobbiamo seguire, lei è abitudinaria, attaccata a ciò che le è noto, rassicurante, familiare, per quanto doloroso esso sia.
Ti fa rimanere attaccato alla sofferenza, alla malinconia, alla tristezza. Ti fa girare e rigirare il coltello nella piaga, in poche parole: non ti lascia andare.

Non so se conosci il motto: "*A tutto ci si abitua*", niente di più vero!

I pensieri sono compulsivi, uno ne attira subito un altro.

Se nella tua mente circolano pensieri di inadeguatezza, tu ti senti e ti vedi inadeguato. Se stazionano pensieri di sfiducia, tu ti senti e ti vedi sfiduciato.

Nel lungo periodo i pensieri si stratificano, passano al livello del subconscio e plasmano il tuo carattere, la tua personalità. Possono essere il tuo nemico numero uno, per cui potresti ritrovarti a vivere una realtà infelice, dove la fanno da protagonista la tristezza, le paure, l'insoddisfazione, la rabbia, l'autocommiserazione o peggio, la malattia.

Tutto questo perché hai creato un'immagine mentale di te che è falsa, distorta. Tu sei ben altro da quell'immagine mentale, la tua vera identità non risiede nella mente, ma più in profondità.

Noi tutti ci identifichiamo con i nostri pensieri, con la nostra mente e probabilmente abbiamo plasmato tutta la nostra vita in questo modo, sbagliando. Sì, proprio così, sbagliando.

Per me è stata una sorpresa scoprire che noi non siamo affatto i nostri pensieri.

Se non sei i tuoi pensieri, chi sei?

Mi domandavo. "*E se i miei pensieri non son me, cosa sono?*"

Mi veniva spiegato che i pensieri sono come nuvole che passano veloci nel cielo, che transitano e se ne vanno via, e che il cielo siamo noi, la nostra vera essenza: limpida e tersa, sede dell'amore, della pace e della gioia.

Non riuscivo proprio ad immaginarmi di non essere i miei pensieri, non riuscivo a non identificarmi con essi, non riuscivo a staccarmi, svincolarmi, sganciarmi.

Mi vedevo e sentivo un tutt'uno con la mia mente e con il mio brusio interiore: ho fatto un po' di fatica a percepirmi altro da loro. Ho dovuto fare lo sforzo di cercare un'altra me, la vera me, e di non cercarla più nella mente, ma cambiare strada, scendere in profondità, sintonizzarmi con il mio vero spirito, percependo la mia vera essenza.

Lì e solo lì ho trovato momenti di pace, di gioia. È una sensazione, un'emozione bellissima.

Ecco cosa afferma Eckhart Tolle:

"L'identificazione con la mente crea uno schermo opaco fatto di concetti, etichette, immagini, giudizi e definizioni che blocca ogni vero rapporto interpersonale. Si frappone tra te e la tua interiorità, tra te e il prossimo, tra te e la natura, tra te e Dio."

Dunque è necessario non identificarti con la mente, liberarti da essa, o meglio imparare ad usarla, sfruttare la sua eccezionalità, altrimenti, ne rimarresti sempre schiavo. Un concetto che non deve rimanere tale, ma che va trasformato in esperienza: vediamo come.

Che fare?

Se stai vivendo un periodo di quelli neri e sei preda di pensieri incontrollati, compulsivi, distruttivi, e non riesci a trovare pensieri che ti portino almeno un po' di sollievo, poniti oltre loro e osservali.

→ Staccati, diventa un testimone, osservali passare senza giudizio, etichette, condanne. Ascoltali con distacco anche se senti che fai resistenza. Non rimuginarci su e non parlarne in continuazione. Osserva e basta.

Diventa osservatore anche delle emozioni che si trascinano dietro, senza indagare, riflettere, giudicare, analizzare, perché in ogni caso stai giudicando con gli occhi del passato dando origine ad una visione falsa, distorta.

Rifletti sul fatto che tu non sei quei pensieri e che se ne andranno così come sono venuti. Tu sei lì solo ad osservare quelle voci e se diventi consapevole di questo tuo nuovo ruolo, ha fatto Bingo!

Stai entrando in contatto con la tua vera identità, stai aprendo la porta alla quiete, alla pace interiore, alla gioia: non chiuderla!

Inoltre l'atto stesso di osservare i propri brutti pensieri in modo neutrale, toglie loro e alle emozioni, l'energia e il potere negativo, perché dal momento che non vengono alimentati, non hanno più forza, si indeboliscono e man mano si dissolvono.

Non esistono fatti, situazioni negative o positive. Ogni evento è neutro, sei tu, come lo percepisci e lo vivi che lo rendi tale.

Se rimani ben saldo su una posizione neutrale, non ne verrai agganciato e trascinato via: è questo il segreto. Cerca sempre di non infilarti nella spirale negativa, scegli prima, sii consapevole che puoi e hai tutto il diritto di scegliere.

Questo ti permetterà di allontanarti dalla mente e allinearti con la tua vera identità. Amore, gioia, pace interiore non sono emozioni fugaci, ma veri stati mentali che innalzeranno la frequenza di vibrazione nel campo energetico e sarai pronto a ricevere ciò che hai richiesto.

Ecco un esercizio per allenarti a gestire al meglio i brutti pensieri.

→ Chiudi gli occhi ma resta ben vigile e concentrati nell'osservare quale sarà il tuo prossimo pensiero. È un ottimo modo per bloccare momentaneamente il loro flusso, non far passare niente, fare il vuoto tra un pensiero e l'altro. Quando sei così attento, concentrato sull'attesa, noti che nessun pensiero arriva, sei dunque totalmente presente.

Concentrati sul nulla, sul silenzio, su quel preciso momento. Questa è la strada giusta per collegarti al tuo sé più profondo, alla tua vera essenza, al tuo Essere.

→ Distogli l'attenzione dalla mente e nello stesso tempo focalizzati sul tuo corpo, verso il tuo interno dove alberga la tua vera essenza, il tuo Essere divino. Immagina di avere radici profonde come un grande albero e di scendere, percorrerle tutte, e rimanere radicato dentro di te. Percepisci l'energia che scorre nelle tue cellule, percepisci la vita. Puoi immaginare questa energia come una luce e sentire che ti attraversa provando dei brividi o formicolii.

Man mano che fai pratica noterai i pensieri placarsi all'inizio solo per pochi secondi, poi per un periodo sempre un po' più lungo fino a provare una profonda sensazione di pace.

Se stai vivendo situazioni spiacevoli e pesanti da lungo tempo, non rimanere ancorato alla mente, sganciati, sintonizzati con il tuo vero Essere: è molto più intelligente, sa tutto. Il tuo sentire, le tue emozioni ti guideranno alla soluzione, alla serenità molto più della tua mente.

Se seguirai e svolgerai con tenacia e costanza questi esercizi, niente ti potrà più sconvolgere e riuscirai a percepire sempre una pace di fondo, qualsiasi cosa accada fuori di te.

Quando sei connesso con la tua interiorità, il suo splendore, la sua vitalità si rifletterà anche sul tuo corpo fisico, sulle tue cellule. Il sistema immunitario e quello psichico si rafforzeranno e le vibrazioni basse di chi ti sta vicino ti scivoleranno addosso senza che tu ne venga agganciato.

Sarai protagonista di un nuovo stile di vita.

La mente ti serve solo per fini pratici, essa te lo ripeto, è stata progettata per garantirci la sopravvivenza. Non è grazie a lei che il progresso, le grandi invenzioni sono state possibili. Il genio si manifesta quando sei nella pace e nella quiete interiore, ne abbiamo parlato nel capitolo del conscio, subconscio e superconscio.

Dentro di te risiede un'intelligenza superiore, molto più grande della mente. È quella che ti permette di vivere senza che tu ci pensi: respirare, far crescere i capelli, trasformare il cibo in sangue. È a quella che ci dobbiamo riconnettere.

Tu sei superiore alla tua mente.

Quando ti senti sommerso da pensieri di insoddisfazione, sfiducia, paura, fai questi esercizi e ricorda che solo se modifichi il tuo stato mentale, tutto il supporto, l'aiuto per superare gli ostacoli ti verranno porti spontaneamente attraverso incontri, coincidenze, circostanze, occasioni.

Se decidi di arrivare in un certo punto, ad una certa meta, la tua stessa decisione genererà un fiume di eventi, di fatti imprevedibili che tu non avevi nemmeno immaginato.

Ecco cosa intendeva Einstein quando diceva:

"Non puoi risolvere un problema con lo stesso tipo di pensiero che hai usato per crearlo."

Bene sei giunto alla fine di questo capitolo. Abbiamo fatto ancora più chiarezza, ti ho trasmesso più consapevolezza, più conoscenza. Ecco i concetti su cui riflettere per trasformare ciò che sai in una profonda comprensione.

- Se sei sommerso da pensieri negativi, scegli un pensiero che ti faccia sentire solo un po' meglio, poi ancora un altro e via di seguito. In questo modo ti posizioni su una scala vibrazionale sempre più alta e ti sganci da quel tipo di pensieri depotenzianti.
- La Mente mente. Veniamo continuamente ingannati dalla nostra stessa mente: è lei a creare pensieri e stati d'animo negativi, è nella sua stessa natura.

- Tu sei ben altro da quell'immagine mentale che ti sei creato. La tua vera identità è fatta di amore, gioia, pace interiore e non risiede nella mente, ma più in profondità.
- Diventa osservatore dei pensieri e delle emozioni che si trascinano dietro, senza indagare, riflettere, giudicare, analizzare.
- Cerca sempre di non infilarti nella spirale negativa, scegli prima, sii consapevole che puoi e hai tutto il diritto di scegliere.
- Dentro di te risiede un'intelligenza superiore.

In pratica

Anche in questo modulo abbiamo parlato di due esercizi pratici da fare. Te li riassumo brevemente:

→ Staccati, diventa un testimone, osserva passare i tuoi pensieri senza giudizio, etichette, condanne.

→ Chiudi gli occhi ma resta ben vigile e concentrati solo nell'osservare quale sarà il tuo prossimo pensiero.

Per questo capitolo è tutto, ti aspetto nel prossimo: ti darò 4 suggerimenti pratici per cambiare subito vita.

"Qualunque cosa tu possa fare o sognare di fare, falla. L'audacia ha in sé genio, potenza e magia. Comincia adesso."

Goethe

Capitolo sedici

Come la legge di attrazione mi ha aiutato a cambiare vita

Stai per terminare il tuo viaggio ed è ora di agire, di passare all'azione!

In questo capitolo ti racconto come ho agito io. Ci tengo a sottolineare che è solo il mio esempio, il mio percorso. Tu sei diverso da me, avrai aspirazioni, sogni, desideri diversi.

Diverse saranno le occasioni, le circostanze, le persone che ti verranno incontro. Diverso il tuo cammino, la tua storia.

Ciò che sto per raccontarti, sono tra le esperienze più efficaci che io stessa abbia mai fatto. circostanze, persone, eventi che l'Universo ha posto sul mio cammino rispondendo ai miei desideri e aspirazioni.

Scopriamoli insieme!

Quasi sempre, quando inizi a chiedere, esprimi desideri che toccano anche il denaro e la salute. È ovvio e lecito.

A meno che tu non viva o non voglia andare a vivere su un'isola deserta, qui, in questa parte del globo, in Occidente, nel ventunesimo, i soldi sono indispensabili per creare una vita dignitosa, per te, la tua famiglia, i tuoi cari. C'è poco da filosofeggiare.

Idem per la salute: se sei malato e sofferente non puoi goderti nulla di tutto quello che potresti fare e permetterti se fossi ricco. È banale, ma è così.

Ora sai che uno degli ostacoli, il muro su cui cozzano i tuoi desideri, di qualsiasi natura essi siano, è il muro delle convinzioni errate, delle credenze distruttive, dei condizionamenti, dei blocchi interiori.

Spesso è origine del mancato funzionamento della legge di attrazione.

Rimetti le cose a posto con Ho'Oponopono

Uno strumento, una tecnica di pulizia molto efficace quanto semplice, a costo zero e che ti libera da memorie ed emozioni dolorose, è recitare il mantra di Ho'Oponopono:

"Mi dispiace, perdonami, grazie, ti amo."

Un metodo di guarigione antichissimo gelosamente custodito per secoli e secoli dai sciamani hawaiani, i Kahunas che ho scoperto *per caso* navigando su Internet, mentre studiavo la legge di attrazione.

Oggi l'Ho'Oponopono è conosciuto in tutto il mondo. È un ottimo e valido sostegno e completamento della legge di attrazione. Conosciamolo meglio.

Ho'Oponopono significa *"mettere le cose al posto giusto"*, *"aggiustare le cose"* partendo da dentro te. È un metodo hawaiano che sana, purifica, guarisce, risolve ogni situazione, sanando essenzialmente te stesso andando ad aggiustare la tua interiorità.

La base del metodo è quella di cancellare i condizionamenti, le cattive abitudini, le memorie dolorose, lo stress, l'ansia, la frustrazione e tutte le negatività che affollano la tua vita

Ma non è solo questo. È una vera e propria filosofia che si basa su punti fondamentali, non molto diversi da quelli che ti ho illustrato per far funzionare al meglio la legge di attrazione:

totale responsabilità, assenza di aspettative, consapevolezza dei diversi ruoli del conscio, subconscio e superconscio.

È una tecnica che si è evoluta nel tempo ed è stata occidentalizzata, resa più fruibile e vicina a noi, da una donna, la sciamana hawaiana Morrnah Nalamaku Simeona, (1913-1992) che nel 1983 è stata riconosciuta 'tesoro vivente dell'umanità delle Hawaii.'

Morrnah Simeona ha creato un riadattamento, un Ho'Oponopono in versione moderna la cui pratica ti farà vivere una delle esperienze più profonde e liberatorie di trasformazione interiore.

Vediamo allora di che cosa si tratta in pratica. È fin tropo semplice: ogni volta che vuoi sistemare una sgradevole situazione devi sorridere e ripetere più che puoi il mantra:

"Mi dispiace, Perdonami, Grazie, Ti Amo."

Credimi, non devi far altro. Si è molto discusso sul come dirlo, a chi dirlo, quante volte dirlo, e via discorrendo. La risposta è solo una: dillo! Sempre, più che puoi, per tutta la vita.

Pulire, pulire, pulire le tue memorie, l'energia negativa che ti arriva consapevolmente e non, l'ansia, le paure, le ossessioni, i timori.

È ovvio che vorrai saperne un po' di più, allora rifletti.

Ti ricordi gli esperimenti di Masaru Emoto e dell'acqua? Ora conosci il grado di vibrazione di belle parole quali 'Amore' 'Grazie' 'Ti Amo'. Conosci la loro forza, il loro potere di creare, organizzare le molecole d'acqua in modo da formare bellissimi cristalli o abbassare drasticamente il livello di diossina in un lago inquinato da alghe infestanti.

Sai bene che più della metà del nostro organismo è composto da acqua, ogni nostra cellula ha acqua al suo interno. Se hai capito questo e che tutto l'Universo è energia che vibra, non hai bisogno di altro, non è necessario.

In ogni caso è bene che tu sia consapevole di quanto affermi e del significato di ogni singola parola. Il mantra lo rivolgi all'altro te, quello che ha sede nella parte più profonda, nelle tue radici.

"*Mi dispiace*" per la situazione in cui sei coinvolto, per il problema che ti trovi a dover affrontare e per tutta la sofferenza, il disagio che crea a te e alle persone coinvolte.

"*Perdonami*" perché hai capito di aver sbagliato e sei intenzionato a non ripetere, a non creare in futuro una situazione analoga.

"*Grazie*" perché sai già che il tutto si risolve nel migliore dei modi. Grazie per tutto quello che già hai. Grazie per la manifestazione del problema, perché ora hai modo di trasformarlo eliminando le memorie che lo hanno generato.

"*Ti Amo*" è la più bella delle parole che ti puoi e devi regalare. Invocare l'Amore crea una vibrazione, un'energia potentissima e tu te lo meriti tutto. Onora la parte divina racchiusa in te e vedrai accadere miracoli nella tua vita.

L'energia del punto zero

L'energia del punto zero è l'energia del vuoto, quell'energia sottilissima che rimane quando hai liberato, fatto pulizia di tutte le altre energie, come un profumo che pur rimane all'interno della boccetta che lo conteneva.

La fisica quantistica afferma che è quell'energia vibrazionale che riempie e permea tutte le cose e tutto l'Universo, anche là dove prima si riteneva esistesse il vuoto.

Esiste un punto zero anche in noi stessi. È la radice spirituale dove tutte le memorie, le paure, i condizionamenti sono nati. È lì che bisogna giungere per azzerare e riprogrammare, trasformare l'ansia in pace, l'odio in perdono, la durezza in compassione.

È un altro potente strumento di pulizia e purificazione che non puoi fare da solo, ma è necessario l'aiuto di un coach, un coach energetico che sappia gestire, canalizzare questa sottilissima energia.

La legge di attrazione all'opera

Ricordo che mi era bastato pensare, ad un certo punto del mio cammino, che avrei tanto desiderato un qualcosa, un qualcuno, che mi aiutasse a scovare, ad azzerare, sciogliere le memorie, e tutti i condizionamenti che avevo accumulato nella mia vita e di cui non ero affatto consapevole.

Desideravo un qualcosa che agisse a livello profondo, energetico. È ovvio che non avevo la più pallida idea di come raggiungere tutto ciò, ma questo era il mio desiderio in quel periodo.

Mentre praticavo regolarmente l'Ho'Oponopono, di lì a poco ricevetti una mail da parte della mia coach, in cui mi presentava una sua amica, ideatrice della Tecnica di Riprogrammazione Energetica del Punto Zero!

Allora non sapevo l'esistenza né della parola né tanto meno che ci fosse qualcuno al mondo in grado di annullare, gestire e riprogrammare tale energia.

Il club di Riprogrammazione del Punto Zero

Immaginate la mia gioia e la mia sorpresa: era esattamente quello che desideravo, che avevo chiesto! Non ho fatto nulla per ottenerlo, non mi sono dannata, non ho sgomitato, non ho chiesto informazioni a nessuno: un giorno ho semplicemente aperto la posta e trovato una mail.

È stato così che mi sono iscritta a quel corso e che ho potuto mettere subito in pratica tutti gli insegnamenti appresi studiando la legge di attrazione. Ho potuto toccare con mano quell'energia di cui i fisici quantistici ci parlano da più di un secolo.

Il denaro: strumento di crescita spirituale

L'intero corso prevedeva anche un percorso per sbloccare una delle convinzioni più radicate, dannose e dure da sciogliere: la convinzione che il denaro è cosa sporca, che nulla ha a che fare con la spiritualità.

L'insano rapporto che si ha con il denaro soprattutto a livello subconscio e dunque inconsapevole, tocca tutti noi, molto più di quanto si possa credere o immaginare.

È stata per me un'esperienza unica: mi ha arricchito interiormente, ogni volta percepivo un'energia fantastica. Se la mia vita è cambiata è anche grazie alle riprogrammazioni.

Mese dopo mese, senza neanche accorgermene lasciavo indietro paure, sbloccavo energie, mi caricavo e mi ricarico di altre.

Se ho avuto la forza e il coraggio di compiere certi passi nella mia vita, vederli come ovvi, inevitabili, lo devo allo scioglimento dei vari blocchi che avevo accumulato in modo inconsapevole.

L'effetto domino delle cose belle

Conoscere e praticare la legge di attrazione mi ha portato in dono l'Ho'Oponopono.

Conoscere e praticare Ho'Oponopono mi ha portato in dono una costante riprogrammazione dell'Energia del Punto Zero.

Conoscere e praticare le riprogrammazioni dell'Energia del Punto Zero mi ha portato in dono un fantastico programma di alimentazione naturale e una nuova preziosissima consapevolezza che mi ha letteralmente cambiata.

Ho capito ad un livello profondo che quello che mangiavo tutti i giorni aveva un enorme ed inimmaginabile impatto sulla salute. Ti ricordi il mio desiderio di vivere centoventi anni? Avevo poco dopo ricevuto l'intuizione e scoperto le proprietà straordinarie della melatonina.

Ero ferma lì. Sapevo di mangiar male, ma ero convinta, credevo che la salute o la malattia, le brutte malattie fossero in gran parte decise dal caso, dal destino. Avevo scelto di non fumare, non bere alcolici, non fare uso di droghe. Di più non sapevo di poter fare per vivere così a lungo. Avrei voluto, questo sì, curare meglio l'alimentazione.

Mi fidavo ciecamente della medicina tradizionale e snobbavo quella naturale, il biologico e tutto ciò che era 'fitness'.

Ancora una volta, un giorno apro la posta e trovo una mail in cui mi presentava la migliore nutrizionista e naturopata in Italia. La mia vita è cambiata di nuovo.

Il prezioso dono della salute. Riprogrammare il corpo per riprogrammare la mente

L'Universo mi portava un dono bellissimo: mi regalava salute, energia fisica, vitalità, forza, lucidità mentale.

Ho scoperto con stupore che ci sono cibi che ti tengono come in uno stato di letargia mentale, ho scoperto che

il cibo non solo si trasforma in sangue ma anche in pensiero.

Ho scoperto quali sono i cibi più vibranti presenti in natura sul pianeta, lì a disposizione dell'umanità gratuitamente. Ho scoperto quali invece avvelenano la mente tenendoti ben saldo nel tuo bozzolo e impedendoti ogni cambiamento.

Ho scelto. Ho agito. Pronta a fare qualcosa di concreto per giungere a 90, 100 anni in forza e salute.

L'ho sentito così profondamente che ho deciso di cambiare le mie abitudini alimentari nonostante mi trovassi nel bel mezzo della separazione.

Una scelta ostacolata pesantemente di cui ho dovuto render conto addirittura in tribunale. Nulla mi ha fermata.

Oggi posso dire che è il dono più bello che la legge di attrazione mi abbia dato.

Salute, denaro, spiritualità, amore: sei tutte queste cose insieme. Sei un essere completo e devi prenderti cura di ogni aspetto a tutto tondo. Non puoi nutrire la tua spiritualità e trascurare il corpo o maledire i ricchi.

L'energia deve scorrere, fluire liberamente senza blocchi, senza impedimenti: quella del cibo come quella del denaro, come quella dei pensieri.

Credi che l'effetto domino sia terminato? Affatto! Le porte che di volta in volta mi si aprono sono a dir poco straordinarie! Entro in risonanza con persone, progetti, eventi inimmaginabili solo qualche anno fa.

Sono stata così entusiasta di aver seguito quel programma alimentare che la persona che l'ha ideato ha voluto conoscermi, ha voluto intervistarmi per uno dei suoi podcast per poi volermi con sé come studentessa prima e coach dopo.

Dopo aver messo le cose a posto, fatto ordine nella mia vita sentimentale, iniziato un percorso spirituale, dopo essermi presa cura del mio corpo e della mia salute, ora era giunto il momento di riequilibrare anche l'aspetto finanziario.

Trasforma i tuoi talenti e le tue passioni in ricchezza per te stesso e per gli altri

Fino a quel momento ero una donna sola con due figli adolescenti, un lavoro e stipendio part-time, ed un magrissimo assegno di mantenimento.

Grazie alla buona conoscenza della legge di attrazione mi attirai appena un mese dopo la separazione, una piccola quanto inaspettata eredità da parte di uno zio scapolo.

235

L'Universo stava già provvedendo! Sapevo poi che la mia mentore della nutrizione era legata ad un uomo che seppure molto conosciuto sul web, io non sapevo assolutamente nulla di lui se non vagamente che si occupava di spiritualità e crescita personale. *"Fa cose molto belle."* Queste le uniche parole di Francesca in merito.

Le promisi comunque che avrei dato un'occhiata al suo sito. Non lo feci subito e nemmeno il giorno dopo. Aspettai un po' di tempo.

Quando mi decisi a farlo questo fu il mio primo pensiero: *Wow! proprio quello che cercavo!"*

Ancora una volta lo stesso stupore, la stessa meraviglia. È come se qualcuno leggesse le mie intenzioni e provvedesse, mi offrisse su un piatto d'argento una possibilità, la migliore possibilità!

Non ne avevo parlato con nessuno se non con me stessa, non sapevo proprio chi fosse questo personaggio, molto amato.

Sapevo solo che mi sarei dovuta dar da fare per incrementare il mio reddito, per garantire un'istruzione, una formazione dignitosa ai miei figli che hanno avuto in dono una spiccata intelligenza.

Non sapevo né cosa né come né quando avrei fatto cosa. Non feci niente.

Conoscendo bene il meccanismo della legge di attrazione non mi vedevo certo a pulire scale nei condomini, come mi suggerivano caldamente. Non mi vedevo a far la cameriera e tronare a casa con i piedi doloranti, come avevo fatto nei primi anni di matrimonio. Non mi vedevo fare ancora l'impiegata.

Non era questa l'immagine che avevo di me nel futuro.

Certo se si sarebbe presentata l'occasione sarei stata costretta a non rifiutare, ma il bello è proprio questo: se conosci, se sai, se comprendi, se pratichi, se hai fiducia, se credi, certe situazioni non si presentano affatto!

Te le togli dai piedi e lasci spazio, lasci campo libero alle migliori occasioni per te.

Non volevo più scendere a compromessi. Amavo ed amo scrivere, studiare, diffondere, comunicare i straordinari benefici della legge di attrazione e della fisica quantistica.

Volevo regalare a chi lo volesse, l'occasione di migliorare, cambiare la propria vita, soprattutto a quelle donne intrappolate in relazioni insane e fortemente distruttive.

Volevo regalare a tutti la preziosa consapevolezza che la salute passa per il cibo che metti in bocca tutti i giorni.

Ancora una volta non sapevo come fare, da che parte iniziare e tanto meno come vivere delle mie passioni: un miraggio!

Lo capii quel pomeriggio, quando finalmente decisi di dare un'occhiata al sito che mi era stato suggerito.

Con mio grande stupore e sorpresa scoprii che si trattava della scuola numero uno in Italia, che ti insegna come trasformare la tua passione in lavoro in modo onesto e profondamente etico.

Ancora una volta mi veniva servita con guanti bianchi e su un vassoio d'argento, un'occasione su misura e che sembrava cucita addosso per me.

Un'esperienza entusiasmante, una sfida che ho accettato mettendomi di nuovo in gioco e che ha richiesto un impegno sia economico sia di tempo e lavoro.

La gioia, la soddisfazione di fare ciò che ti appassiona non ha prezzo: non senti il peso delle rinunce, la fatica di alzarti prestissimo la mattina, le giornate di mare perse.

Il risultato è quanto stai leggendo e non solo. Finalmente ho trovato il mio modo per condividere con gli altri e con te ciò che da tanto tempo sentivo spingere dentro.

Quando acquisisci certe consapevolezze e conoscenze ti senti quasi in colpa di tenere tutto per te e ti senti in dovere di informare, di fare la tua parte anche se minuscola, per rendere migliore questo mondo. Vedrai, succederà anche a te.

Vedo questo libro come la goccia d'acqua che il colibrì della favola africana porta nel suo minuscolo becco per spegnere l'incendio, desideroso di fare la sua parte. Io sentivo di dover fare la mia.

Questo è stato il mio percorso, questo è stato ciò che la legge di attrazione mi ha portato, questo, in ultima analisi, è ciò che io stessa ho creato partendo sempre e ogni volta da un pensiero.

Come ho detto all'inizio del capitolo, è però il mio esempio, il mio percorso. Tu sarai diverso, avrai aspirazioni, sogni, desideri diversi. Diverse saranno le occasioni, le circostanze, le persone che ti verranno incontro. Diverso il tuo cammino, la tua storia. Ecco il punto su cui ti invito a riflettere.

Questo è il passo numero tre, quello della pratica. È molto importane sapere, conoscere, leggere, rileggere, approfondire, studiare.

Puoi continuare a farlo per tutta la vita, ma non basta, non è sufficiente per cambiare le cose.

Arriva un momento che devi fare, decidere, devi buttarti. Con fiducia, con gioia, con gratitudine, con entusiasmo. Allora sì che ti serve tutto quello che hai conosciuto e appreso nei due passi precedenti: non sterile cultura, ma profonde consapevolezze che non possono non cambiarti la vita in meglio.

Ti aspetto nel prossimo ed ultimo capitolo dove parleremo di come cambierà la tua vita dopo esseri arricchito di tante consapevolezze e delle strategie per continuare il tuo meraviglioso viaggio.

In Pratica

→ Recita il mantra: *"Mi dispiace, Perdonami, Grazie, Ti Amo"*
Recitalo più che puoi: quando aspetti e sei in fila in qualche ufficio, nel traffico, dal dottore.
Su Internet trovi molte risorse gratuite dove poter scaricare il mantra.
→ Scrivi sul tuo quaderno ciò che ti appassiona di più, ciò che fai e faresti anche gratis.

"Tutto è Energia e questo è tutto quello che esiste. Sintonizzati sulla frequenza della realtà che desideri e non potrai fare a meno di ottenere quella realtà. Non c'è un'altra via. Questa non è filosofia. Questa è fisica."

Albert Einstein

Capitolo diciassette

L'inizio di una nuova vita
Effetti collaterali

Fine di un viaggio.

Bene, siamo giunti, sei giunto proprio alla fine! Questo è l'ultimo capitolo.

Il tuo viaggio, i tuoi primi tre passi con me sono terminati ed io sono molto fiera di te, meriti tutta la mia gratitudine. Sono molto felice di averti accompagnato, di aver condiviso, trasmesso e consegnato a te le conoscenze sulla legge di attrazione e non solo.

Sei una persona fantastica perché:

→hai scelto di regalarti, ritagliarti e dedicarti del tempo per leggere, ascoltare, seguire, mettere in pratica ciò che settimana dopo settimana ti ho proposto.

→Hai scelto di metterti in gioco, aprire la mente. Hi sperimentato e vinto la resistenza allo stato di comfort, quella lotta contro il cambiamento che la mente stessa ha messo in atto.

→Hai vinto il disagio iniziale, la confusione: probabilmente ancora tutto non è ben chiaro. È normale, sei ancora in viaggio, io stessa lo sono ancora.

Il tuo è un viaggio che non finisce qui. È solo il punto di partenza, è l'inizio di una nuova vita, di una nuova avventura, di una nuova percezione, di una rinnovata sensibilità che il tuo diverso stato mentale ti regala.

Se sarai riuscito a comprendere fino in fondo, se solo qualche concetto ti abbia fatto battere la mano in fronte e pensare anche solo per un attimo, come in un flash: "*Caspita è vero! Ora sì che è chiaro!*", avrai già fatto un ottimo passo avanti, sarà già sufficiente per veder migliorare la tua vita.

Il resto verrà da sé: quando avrai sbloccato, capito un concetto, sarai subito pronto, ne comprenderai un altro, e poi un altro ancora come in una reazione a catena, come in un domino.

E ora?

Ora sei modificato geneticamente, sei un'altra persona, lo stai diventando e non vorrai più tornare indietro perché ti sarai accorto che il mondo che ti circonda è colmo di bellezza e di gioia.

Vedrai l'esistenza come una benedizione. Sarai più libero dalle paure, dal mal d'anima, grato e riconoscente delle piccole cose che ti circondano.

Sarai più paziente, gentile e amorevole. Vivrai la vita con un'intensità maggiore. Probabilmente avrai un bel sorriso stampato in faccia e avrai iniziato a prendere le distanze dalle persone negative e lamentose.

Ti sentirai come Cristoforo Colombo quando ha avvistato terra: sarai così entusiasta di ciò che hai scoperto che vorresti urlarlo a tutti, regalare a tutti la possibilità di cambiare la propria vita.

Di certo ne stai parlando con enfasi al tuo partner, alla tua partner, ai tuoi amici, ai tuoi colleghi.

Sbagliato! Questo è il primo errore che abbiamo fatto tutti.

Effetti collaterali

Errore? E perché mai?

Perché di certo alcuni ti hanno smontato subito, spento il tuo entusiasmo, contraddetto, scaricato addosso tutta la loro diffidenza. Con qualcuno forse hai litigato. Se hai anche spiegato loro i particolari, gli esercizi che stai facendo, è certo che penseranno che stai soffrendo di un esaurimento nervoso, che sei diventato superstizioso dall'oggi al domani.

Spero di no, ma è molto probabile che sia così. Il non sempre facile confronto con gli altri è il primo effetto collaterale.

Tu sei avanti, ti stai evolvendo spiritualmente, ma gli altri sono rimasti indietro e non capiscono.

Platone e il mito della caverna

Sei disorientato, ti senti come l'uomo uscito dalla caverna nel mito di Platone. Conosci la sua storia? È una metafora sulla conoscenza e calza a pennello al nostro caso.

In una buia caverna risiedono fin dalla nascita degli uomini. Trascorrono tutto il tempo incatenati e con il volto rivolto verso la parete su cui si riflettono le ombre di vari oggetti portati sulla testa dalle persone che vivono e transitano al di fuori della grotta, in un mondo normale popolato da alberi, laghi, sole, stelle.

Platone immagina che ad un certo punto uno degli uomini riesca a liberarsi e una volta fuori, inizia a confrontarsi con il mondo. Si accorge dell'illusione, delle ombre con cui era sempre vissuto e che esiste qualcosa di più vero.

All'inizio l'uomo, da sempre abituato all'oscurità, è a disagio, ha dolore agli occhi, accecato dalla troppa luce, non capisce da dove venga. Ha però troppa voglia di capire, di scoprire e va avanti.

Piano piano si abitua ed infine scopre che tutta quella luce sgorga da quella cosa meravigliosa chiamata sole.

L'uomo è ora combattuto: da una parte vorrebbe restare lì fuori, godere di quella nuova vita, dall'altra desidera ritornare nella caverna per comunicare agli altri la sua fantastica scoperta, liberarli dalle catene e farli uscire.

Decide infine di ritornare, ma una volta rientrato e avvolto dal buio, non più abituato, non vede più niente e si trova in difficoltà. Ciò nonostante pieno di entusiasmo comunica agli altri la sua scoperta, la scoperta di una realtà ben diversa, quella vera. Li invita a seguirlo, ma gli amici si rifiutano, lo deridono, non gli credono: è tornato addirittura quasi cieco!

Lui insiste e racconta loro del mondo, quello vero, dell'immensa luce, del sole. Niente da fare, gli altri si arrabbiano e addirittura lo picchiano.

Capita a tutti di trovarsi nella stessa situazione dell'uomo di Platone, è capitato anche a me.

Che fare? Tornare o non tornare nella caverna?

Torna, ma fai l'indifferente.

"Dove sei stato?"

"Mah, a fare un giro …"

"E com'è là fuori?"

"Normale, niente di che … "

"E com'è che sei così felice, così diverso? … Dai racconta!"

Devi trattenerti dalla voglia di insistere e convincere gli scettici, i pessimisti, i dubbiosi che ti stanno attorno a seguirti se non vogliono farlo. Goditi in silenzio ogni tuo piccolo o grande progresso, non raccontare ai quattro venti i tuoi sogni, i tuoi progetti, le tue aspirazioni.

È contro intuitivo lo so. Le loro paure, i loro dubbi, le loro preoccupazioni, le loro vibrazioni basse, negative, finirebbero per sporcare, contaminare, abbassare le tue, il tuo entusiasmo, con il risultato di allontanare, rallentare la realizzazione di quanto chiesto.

Vola da solo all'inizio! Man mano che cambi, che migliori, chi ti sta attorno lo vede, lo nota, te lo dice, ti chiede come hai fatto. Succederà, stanne certo. A me è successo esattamente così. Quando cambi dentro, il cambiamento avviene anche all'esterno.

Se prima passavo inosservata attraverso gli occhi delle persone, ora mi capita che mi fermino conoscenti o poco più, per farmi notare come e quanto sono cambiata!

E allora tu spiegherai loro dapprima in modo vago cosa hai fatto e se poi sono curiosi ed insistono, vai in profondità.

Io inizio sempre dicendo loro che ho totalmente cambiato il mio modo di pensare e vedere la vita. Poi chi mi frequenta, chi mi sta accanto, chi mi vive, lo sperimenta giorno dopo giorno.

Vedrai, ci sarà sempre qualcuno che vorrà sapere come fai ad essere così pieno di vita, ad affrontare le situazioni con ottimismo. Allora sarai pronto a condividere tutto l'entusiasmo che senti e ad aiutare anche gli altri a mettersi in viaggio, li contagerai con il tuo esempio.

Non devi sbatterti, sprecare la tua energia con chi non ne vuole sapere, datti a chi ti insegue, chi ti cerca per capire, chi ti chiede aiuto.

Non cercare di cambiare gli altri, cerca solo di cambiare te stesso. Inizia da te: l'ottimismo, la gioia, la pace che diffondi sono contagiosi. Se stai bene tu, ne beneficia anche chi ti sta attorno, è certo.

Se vuoi cambiare il modo inizia a cambiare te stesso. Non ricordo chi lo ha detto, ma è una gran bella verità.

Non tornare nella caverna, nell'oscurità, non farti risucchiare dalle ombre, continua il tuo viaggio fuori, per quanto faticoso ti possa sembrare all'inizio, il sole è lì e splende anche per te.

Qualche amico, qualche compagno lo perderai senza tragedie, senza lotta, senza litigi: semplicemente vi allontanerete, non vibrerete più all'unisono, non sarete più in risonanza. Ognuno seguirà il proprio cammino.

A volte la decisione di allontanarsi da certe persone sarà più dolorosa, a volte decisamente liberatoria.

La fase di transizione

Tutto avverrà per gradi: non è che ti svegli una mattina e hai fatto fuori tutti i vecchi schemi di pensiero e installato quelli nuovi. No. Vivrai una fase di transizione, sarai per un periodo a cavallo tra le due staffe.

Ti accorgerai che ti troverai a pensare di fronte ad uno sgarbo, un sopruso, un'ingiustizia subita: *"E ora, come la risolvo? Seguo il mio vecchio schema e mi arrabbio, gliene dico quattro, non la passa certo liscia, o seguo il nuovo schema, quello che mi hanno insegnato e faccio un sorriso e giro i tacchi?"*

A me è capitato. L'importante è essere vigile, presente e renderti conto che ti si sta offrendo un gancio e che se lo accetti ne sarai trascinato dentro inevitabilmente.

La strategia, il segreto è di non farti agganciare. Osserva con distacco emotivo, non rimuginare, non raccontare l'accaduto a chiunque incontri: vai avanti e focalizzati sulle altre mille cose meravigliose che ti circondano.

Questo non significa essere dei conigli, scappare. Esprimi le tue opinioni, le tue ragioni con fermezza ma senza astio, senza rabbia, guarda oltre sempre verso il sole.

Cosa vedi nello specchio?

Sii compassionevole, non giudicare quell'evento, quella circostanza, quell'atteggiamento che ti irrita e infastidisce perché tu ne sei responsabile più di quanto creda.

Ciò che ti turba e che noti negli altri è lì per farti da specchio, a dirti che quell'errore è anche dentro di te, altrimenti nemmeno lo noteresti.

È l'antichissima e nota teoria dei sette specchi esseni secondo cui ogni relazione interpersonale che vivi nell'arco di una vita, ti fa da specchio, riflette la tua realtà interiore di cui spesso non ne sei consapevole.

L'altro allora diventa un po' te e tu sei anche una parte dell'altro. Siete entrambi parte di un'unica rete, un unico tessuto, un unico campo.

Siamo tutti esseri energeticamente legati, siamo onde intrecciate: io, tu, il gatto, l'albero, la roccia. Siamo Uno.

L'entanglement, l'intreccio

"Le cose sono unite da legami invisibili, non puoi cogliere un fiore senza turbare una stella" ha detto Galileo Galilei e la scienza ora ha dimostrato tutto questo e lo ha chiamato *'entanglement'*, intreccio. I ricercatori hanno preso due elettroni in interazione reciproca e li hanno separati: uno l'hanno portato a Roma, l'altro a Ginevra. Hanno osservato che quando quello di Roma si girava, istantaneamente si girava anche quello di Ginevra. Settecento chilometri annullati in un colpo!

Si è ripetuto il tipo di esperimento con noi esseri umani. Si sono poste due persone in due stanze diverse, lontane quindici metri circa. Ad una delle due è stata proiettata una luce stroboscopica che ha registrato una rapida risposta nel suo cervello. Si è visto che la stessa risposta è stata data dal cervello dell'altro, chiuso nell'altra stanza senza vedere la luce, in assenza dello stimolo luminoso.

Non è sorprendente? Non ti toglie il fiato?

Come controbattere? Accettare e capire, comprendere, accogliere.

Accogliere solo ora ciò che culture millenarie sapevano da sempre. Non esiste spazio tra me e te, tra te e l'albero. Non c'è distanza, non c'è separazione, solo energia meno densa, impalpabile, vibrazione, informazione.

Tu sei foglia, tu sei albero, tu sei stella, tu sei l'altro. Se capisci questo allora si spegne in te l'irritazione, l'intolleranza, l'odio e senti nascere la compassione, la comprensione, il rispetto, la gentilezza, la pace, l'Amore incondizionato per tutti gli esseri viventi e non viventi.

L'Amore ha in assoluto la vibrazione più alta, più potente. È l'energia vitale, la forza creatrice, il motore dell'Universo visibile e invisibile. Dante ne aveva compreso tutta la sua forza e non a caso termina la Divina Commedia con queste parole:

È "*l'Amor che move il sole e l'altre stelle*." Vai e vola in alto!

BIBLIOGRAFIA CONSIGLIATA

Michael Talbot "*Tutto è uno*"

Joe Vitale "*Zero Limits*"

Bruce H. Lipton "*La biologia delle credenze*"

Gregg Braden "*La guarigione spontanea delle credenze*"

Echkart Tolle "*Il potere di adesso*"

Saya "*Ho-Hoponopono. La pace ricomincia da te*"

Wallace D. Wattles "*La scienza del diventare ricchi*"

Salvatore Brizi "*La via della ricchezza*"

NOTA SULL'AUTORE

Rachele Roncato è laureata in lettere, amante dello studio e della lettura, scopre la fisica quantistica prima e la legge di attrazione poi, in un periodo buio della sua vita dominato da rassegnazione e vittimismo. La conoscenza e la messa in pratica di questo mix esplosivo, la portano ad acquisire nuove consapevolezze, a liberarsi dai lacci di vecchie credenze e vecchi schemi per rinascere a una nuova vita.

Mamma single, è oggi è un'operatrice olistica aiuta le persone a prendersi cura del corpo e della mente, attraverso il cibo e l'insegnamento del metodo "Le Meraviglie della Mente", racchiuso in questo libro. Nel tempo libero pratica yoga ed ama viaggiare.